U0038638

圖書文叢 10

說地

——中國人認識大地形狀的故事

祝平一 著

三民書局

國家圖書館出版品預行編目資料

說地:中國人認識大地形狀的故事 / 祝平一著. ——初版一刷. ——臺北市; 三民, 2003
面; 公分——(文明叢書)
參考書目: 面
ISBN 957-14-3844-8 (平裝)

1. 文化史—中國

630 92013829

網路書店位址 http://www.sanmin.com.tw

© 說 地
——中國人認識大地形狀的故事

著作人 祝平一
發行人 劉振強
著作財產權人 三民書局股份有限公司
臺北市復興北路386號
發行所 三民書局股份有限公司
地址/臺北市復興北路386號
電話/(02)25006600
郵撥/0009998-5
印刷所 三民書局股份有限公司
門市部 復北店/臺北市復興北路386號
重南店/臺北市重慶南路一段61號
初版一刷 2003年8月
編 號 S 320010
基本定價 貳元貳角
行政院新聞局登記證局版臺業字第〇二〇〇號

有著作權・不准侵害

ISBN 957-14-3844-8 (平裝)

文明叢書序

起意編纂這套「文明叢書」，主要目的是想呈現我們對人類文明的看法，多少也帶有對未來文明走向的一個期待。

「文明叢書」當然要基於踏實的學術研究，但我們不希望它蹲踞在學院內，而要走入社會。說改造社會也許太沉重，至少能給社會上各色人等一點知識的累積以及智慧的啟發。

由於我們成長過程的局限，致使這套叢書自然而然以華人的經驗為主，然而人類文明是多樣的，華人的經驗只是其中的一部分而已，我們要努力突破既有的局限，開發更寬廣的天地，從不同的角度和層次建構世界文明。

「文明叢書」雖由我這輩人發軔倡導，我們並不想一開始就建構一個完整的體系，毋寧採取開放的系統，讓不同世代的人相繼參與，撰寫和編纂。長久以後我們相信這套叢書不但可以呈現不同世代的觀點，甚至可以作為我國學術思想史的縮影或標竿。

2001年4月16日

自　序

訴說過往的歷史，只能娓娓道來，無法遽下斷論。當有人希望很快獲得某個歷史問題的答案時，我常常只能茫然地回答：「這個問題很複雜吶。」也許這是我的無能，但就像獲得任何知識的過程一樣，學習歷史知識也沒有速成班。由於聯考的關係，一般人總認為歷史不過是記誦之學，這實在是對歷史知識性質的最大誤解。

雖然對現在人來說「地球是圓的」是無可置疑的常識，但中國人學習這個常識的過程——與其他的歷史過程一樣——卻異常複雜。這本小書說的就是這個故事。藉著這個故事，或許可以讓我們從跨文化知識交流的角度，重新理解十七、八世紀中國進入現代世界的歷程，以及知識和社會之間的關係。

與一般科普的教科書不同，本書並不記述西方地圓觀念的科學真理如何戰勝了中國地平的錯誤觀念。我關心的是科技知識傳播過程中，不同文化的人如何看待知識、社會和人、我間的關係。

現在國際接觸如此頻繁，資訊流通與整合如此快速，科技傳播已經成為異文化、跨社會互相溝通的重要機制。現代科技不但為我們的日常生活帶來種種便利，更逐漸改變我們的生活經驗、世界觀和形塑我們的知識體系。科技交流所引發的各種知識和價值體系的衝突和改變是複雜的歷史過程，理解這一過程及其意義，已成為現代人自我認識不可或缺的一部分。

我們透過知識認知世界；但也同時困在我們自己所建構的知識世界之中。每次的知識變動或「革命」，都一片片地撕裂和重建我們的生活世界。在現代人的生活中，新知識的傳播與流動，已成為常態。只是活在知識拜物教下的現代人，鮮少去考量知識的社會意涵為何罷了。

人們最常從「現代化」的觀點來看科技傳播，以接納西方科技的程度作為衡量非西方社會現代化的指標。這是從西方世界的觀點，假設以西方為起源的科技傳播促進了全球的現代化，並預設科技的散播帶來的都是正面的影響。因而西方科技往世界各地傳播的歷史，也就成為一部非西方世界的啟蒙史。這種現代化論述並未看到了科技交流複雜的層面。十六世紀以來，科技傳播與歐洲勢力對外擴張，互為裡表、相互撐持。尤其是十九世紀國族主義興起，世界各國爭相引進西方科技，以強化國家的力量，使得科技化的程度成為一個國家進步的象徵。科技傳播背後的西方強權合理化了西方科技文明，並對各地本土性技術與自然知識傳統造成強烈的衝擊和破壞。

現代化的論述也預設了越接近現代人認知模式的知識便是「進步的」、「有效的」和「理性的」，也因而越接近「真實」，甚或是唯一的「真理」。這樣的思考模式不但抹煞了中、西科技傳播的複雜性，而且以古擬今、以今臆古。然而歷史研究的目標在於釐清歷史行動者建構其「真實世界」的過程，而非判斷此一「真實世界」的真假或好壞。何況不同社會的歷史行動者為了達成同一目的，往往會因文化和社會條件，採行不同的知識策略，建構不同的知識系統。只是西方科技在現代社會中的優越性，使得進步史觀往往成為研究者無意識的預設。

本書以地圓說輸入中國的過程探討傳播者和接受者在跨文化科技傳播過程中的角色和策略。對傳播者而言，他們何以要將可能引發爭議的想法從一個環境傳播到另一個環境？傳播者如何說服別人接受新觀念？他們如何使人相信自己所傳播的知識是可靠的？他們使用何種媒介傳播新觀念？從接收者的角度而言，他們如何被說服？那些人，在什麼脈絡下，接受新觀念？接受新觀念的人如何調整新、舊觀念間的關係？不願接受新觀念的人理由為何？他們如何反駁新觀念，同時也為自己的理念辯護？新觀念的傳播者或接受者如何應對他人的駁斥？又如何在爭議的過程中，調整新、舊知識間的關係？在何種情況下，知識的爭議可以達成共識？既然科技的傳播必須置於交流雙方的社會關係中來考慮，因此知識傳播的歷史脈絡和結構性因素更顯得重要。藉著這樣的分析策略，本書欲說明科技傳播的過程並非平順單向的過程。西方科技文明的入侵，同時重構了非西方社會的生活經驗與知識建構的方式。因此研究跨文化的科技傳播必須顧及雙方不同的權力關係、文化環境和社會脈絡，才能理解西方科技如何重構我們的日常生活經驗；並進一步釐清，不同文化的思考模式如何應對自然和非西方世界如何受到西方科技的衝擊。而不是只在探尋為何中國沒有現代科學；為何當西方發生科學革命時，中國沒有；並把答案歸之於中國人不願接受現代化科技，或中國社會某些體制阻撓了科技傳播的進程。

最後一點說明。為了閱讀的方便，書中的引文大體都已改為現代白話；異體字也都予以統一；避諱的字則改為今字。

在此我要感謝我的父母親和內子玉珍的照顧和鼓勵。史語所同伴們的友誼和啟發，使得我的研究生活有趣而多采多姿；我感謝為這個研究環境帶來生氣的朋友們。哈佛燕京社所提供的獎學金使我有一年的時間學得科學史的新發展，也給了我時間修改這本書，在此一併致謝。最後還要謝謝可愛的愷信，為我們的生活帶來那麼多歡笑。當然也要謝謝愷信的死黨強強，畢竟這本書是為他們而寫。

祝平一　壬午年歲末序於新竹

說地

—— 中國人認識大地形狀的故事

引　子

我的高中死黨豆子，曾告訴我下面這段趣事：

> 有一天，他和兒子強強一起讀兒童科學書。「強強，這個圓圓的球，就是我們住的地球。」豆子指著書上的衛星圖片說。強強立即起身跑到窗邊，向外望了一望，一臉困惑地問道：「爸爸，地球真是圓的嗎?」

對成人而言，「地球是圓的」不過是普通常識。從小開始，大人這麼說，書本這麼寫，現在還有各式各樣的衛星圖片為證。地球怎麼還可能會是別的樣子？但對三歲多的強強而言，他所看到的地面卻是平的，怎麼也想不通為何大地會是顆圓球。強強對於大地形狀的驚疑與困惑，恐怕不下於十六世紀中葉，第一位來東方傳教的耶穌會士沙勿略（Saint Francis Xavier, 1506–1552 年）（圖 1）：他發現當時的東方人竟不知大地是圓的！

自從哥倫布（Christopher Columbus, 1451–1506 年）

圖 1　第一位到東方開教的耶穌會聖者——沙勿略

在 1492 年到達美洲新大陸，歐洲人便開始往世界其他地區擴張。其後不久，歐洲人又發現了通往東方的新航線。新大陸與新航線的發現，不僅意味著歐洲人財富的增加，也意味著世界各地還有許多沉淪的靈魂等待拯救。於是，天主教的傳教士便在當時葡萄牙與西班牙兩大強權的護衛下前往世界各地，牧放他們的羊羔。耶穌會士沙勿略便是在這樣的背景下來到東方開教。

耶穌會 (The Society of Jesus) 是羅馬教會對抗新教的產物。1517 年，馬丁路德（Martin Luther, 1483–1546 年）鑑於羅馬教會的腐化，發表他的〈九十五點異議〉(Ninety-five thesis)，與羅馬教會決裂，開始了歷史上有名的「宗教改革」(Reformation) 運動。有鑑於新教徒勢力不斷擴張，羅馬教會內部也有改革的呼聲，耶穌會便是在這一次羅馬教會改革 (Counter-Reformation) 中所成立的一個修會。

耶穌會乃西班牙人羅耀拉（Ignatius Loyola, 1491–

1556年）於1534年成立，1540年獲得教宗的認可。耶穌會士來自歐洲各地，其成員有不少是出身良好的貴族子弟。他們恪遵「安貧、貞潔和服從」三大誓願，並宣誓效忠教皇。羅耀拉原先是一名軍人，在一場戰爭中受重傷後，受到聖母異象的神啟，才成為一位虔誠的教徒。他把軍隊的意象貫注到自己所成立的修會，使耶穌會成為當時羅馬教會護教與傳教的尖兵。為了成功地護教與傳教，耶穌會成立之初即相當重視成員們的教育。他們很快地在歐洲進佔了大學教職，傳授當時的哲學（包含我們現在所說的科學）、醫學、法學和神學。藉著知識和大學體制的力量，耶穌會士成為十六、七世紀歐洲宗教界與學術界中的佼佼者。來東方開教的沙勿略便是羅耀拉創會時的夥伴之一，並立志前往未知的東方世界開教。

當沙勿略到達日本時，卻驚訝地發現日本人竟然不知道人們所站立的大地是個圓球。不但日本人不明白這個常識，連她鄰近的中國人也不知道。當沙勿略試圖告訴日本人天主教的道理和西方人所知的世界，日本人竟回答他，如果他所說的話是真的，那麼為什麼中國人不知道？有關大地形狀的知識，在十六世紀東、西兩方開始接觸時，竟成了分劃東方與西方的一道界線：西方人來自一個地圓的世界，而東方人則佇立在平面的大地。

就為了這道知識鴻溝，傳教士與中國人爭議了兩百年之久。雖然許多中國的天文學家都漸漸接受了大地是圓球的觀念，但地圓知識從傳入到接受，並不像一般科學教科書所寫的那樣：真理之光最終驅走了愚昧的黑暗，人們從知識中獲得了啟蒙的新生。其實這種教科書式的科學進步史，在歷史上幾乎從來不曾發生過。就如同任何歷史事件一樣，科學知識的誕生和傳播都同樣地複雜而曲折。這本小書說的便是中國人如何知道地圓知識的歷史。

古代世界中的大地形狀

十七世紀以前，地球的形狀在歐洲或是中國都不曾引起大的爭議。歐洲知識階層自希臘時期便認為地為圓形；而在中國的宇宙論中，則認為大地的形狀是方的。

在希臘哲學中，地圓並非一獨立的命題。希臘哲人將「地是否為圓」、「地球在宇宙中的位置」與「地球是否能動」等問題，置於「四行」的脈絡下討論。例如亞里斯多德（Aristotle, B.C. 384–322 年）便認為宇宙可以月亮的軌道為界分為兩層，以上是永恆沒有變化的天，其下則為以火、氣、水、土「四行」所構成的世界；而且只有下層世界有成長、變化和毀滅，這些變化都可以用四行來解釋。四行的本性，火、氣兩行上浮，水、土兩行下沉。其中以土最重，土行所構成的地球，位居宇宙的中心，靜止不動。根據亞里斯多德的理論，凡是由水行與土行所形成的東西，皆自然地向宇宙的中心——亦即地心——墮落。地球各部分皆向地心運動，推擠壓聚的結果，形成了由周邊到中心皆是等距離的形狀：圓形。其他的行星亦以地球為中心，構成多層的同心圓，運行於堅硬而透明的水晶殼軌道上。在陳述過他的理論後，亞氏才以兩項經驗證據來支持他地圓的論證：一、月蝕時，我們所見的地球陰影為弧形。二、我們往南或往北移動時，所見的星空不同。

亞氏的論證形式和我們所熟悉的現代科學方法正好相反。亞氏關於地圓的論證始於一連串的理論命題，雖然這些命題在現代科學看來都是錯的，但卻正是因為這些形而上的命題，保證了我們經驗世界的真實性，因為現象只是這些形而上命題在世界上的呈現。在亞氏的理論中，土行的基本性質，確保了地必為圓，地圓的經驗性證據不過是再度肯定了這個前提的可靠。只有理解了普遍性的前提，我們零散的經驗事實才能被理解。因此，對亞氏而言，有關地圓的知識，重要的是理解四行的性質，而不是經驗證據。至於現代的實驗科學則始於一連串人為所造出的「事實」，藉由這些事實來推斷現象背後所隱藏的規律。因此，經驗事實才是知識的基礎。生活在亞里斯多德哲學的世界觀中的人，對於何謂知識及其判準為何，與現代人大異其趣。我們現代人的知識觀，是十七世紀「科學革命」的結果。當時亞里斯多德的哲學受到各方圍剿，而逐漸為人所放棄。

希臘化時代 (Hellenistic Age) 的天文大家托勒密 (Claudius Ptolemy, 約 100–178 年) 也在以往希臘天文學

的基礎上進一步論證地圓。他列舉了三項證據：第一，距離足夠遠的兩個地方，記載同一月蝕的時間不同，而且其時差與兩地之距離成比例；如果地是平的，則各地所見之月蝕不應有時差。第二，他引用了亞里斯多德有關南北移動時，所見星空不同的證據。第三，托勒密指出，當我們從海上航向崖壁或山峰，我們看到崖壁或山峰凸起的部分不斷增加，宛如從海上升起。這樣的現象，只有當地表有曲率時才可能發生。托勒密和亞里斯多德不一樣，他並沒有談到地圓的形而上基礎。對托勒密而言，地圓的重要性在於它是天文計算的起點。

亞里斯多德和托勒密有關地圓的論證，在中古時代仍為受過教育的人所遵信，其後整個亞里斯多德的宇宙觀為教會所吸收，成為天主教的宇宙觀。這一宇宙觀在但丁（Alighieri Dante, 1265–1321 年）的《神曲》中表達得相當清楚。《神曲》描述一位十四世紀的基督徒上天堂、下地獄的遊記。但丁的旅程始於圓形的地球，而後往下降到九層的地獄，這九層的地獄對應的正是九層的天堂。但丁從地獄回到地球以後，穿過煉獄，通過火、氣二行，然後才上到九層天球，最後到達上帝的居所。（圖 2）這一宇宙觀正是十七世紀傳教士所傳入中國的新宇宙圖像，而圓形的地球則居於宇宙的中心。

從一到十五世紀西方只有少數學者曾表示過地為平

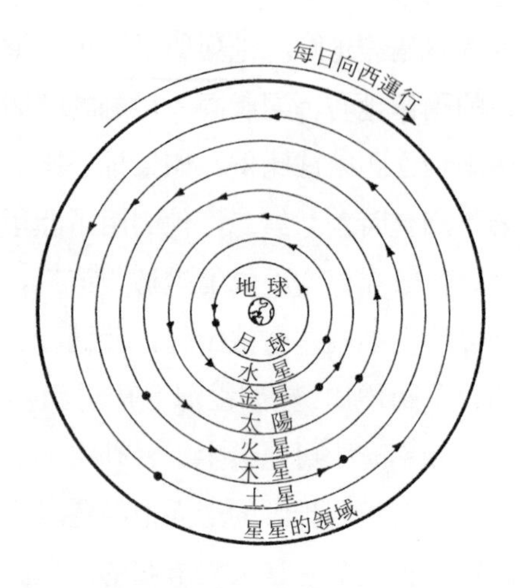

圖 2　但丁《神曲》中九層天殼的宇宙觀

面的意見。雖然現代的歷史教科書曾一度大談西方中世紀地平的謬說要到哥倫布發現新大陸後才被推翻。但據羅素 (Jeffrey Burton Russell) 的研究，這一說法純屬無稽；這只是為凸顯科學巨人的偉大所重構的歷史，以彰顯現代科學的啟蒙功能。雖然哥白尼（Nicolaus Copernicus, 1473–1543 年）體系在十七世紀後逐漸取代了托勒密體系，但二者最主要的差異在於地球在宇宙中的位置，至於地球的形狀並未引起爭議。

相較於西方以幾何模式為主的天文學，中國的曆算學主要是代數模式，從日、月、五星週期等曆數，計算各種曆法上的問題。因而自漢以來，曆算便與宇宙論分離；曆算可以獨立運作，不必關涉地球或其他天體的幾何形狀。或許是因為這個因素，長久以來「天圓地方」的宇宙觀不但沒有被挑戰，反而因為古人感應的觀念，將——「大宇宙」(macro-cosmos)——天地——與「小宇宙」(micro-cosmos)——人——相連繫，成為人們認知世界的基本架構。

儘管中國的宇宙觀有不同傳統，但主要的「蓋天」與「渾天」兩家都認為地是「方」的。所謂「地方」有兩個意義：一指大地為「方形」。雖然漢朝人對「地方」不無質疑，但從當時主流的宇宙觀看來，地確為方形。地方的觀點表現在占卜用的栻盤、明堂建築、地圖的畫法等。(圖 3）另外，「地方」則指地為平面。雖然從漢代開始，蓋天與渾天的宇宙論爭議不斷，但二者都沒有地是球形的概念，頂多是認為地面有曲度。蓋天說認為：

方屬地，圓屬天，天圓地方。

而依蓋天說所發展出來的「勾股術」，便是建立在地為平面的概念上。其後，又有所謂的「蓋天新說」，謂「天象蓋笠，地法覆槃」，視地天為二平行曲面。渾天家亦謂：

天體於陽，故圓以動；地體於陰，故平以靜。

和蓋天家一樣，渾天家也一樣活在「天圓地方」感應的宇宙觀中。渾天家雖又有「地如雞中黃」之喻，卻只是指地為天所包圍，孤居於內的現象。在曆算上，渾天說普遍為曆家所採用，但渾天家計算天徑地廣所用的方法，仍是以《周髀》為主所發展出來的勾股術。渾天與蓋天

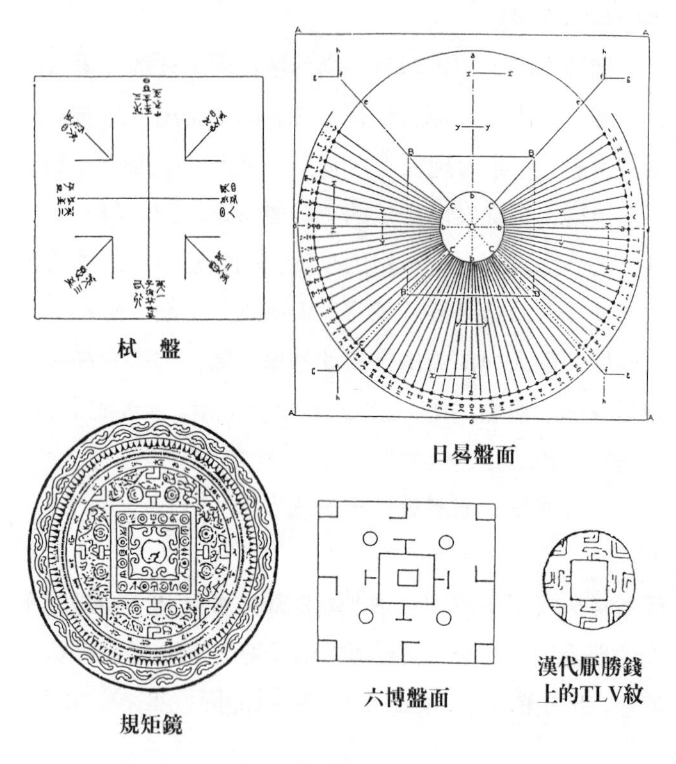

圖 3　中國古代宇宙觀中「地方」的表現

最大的不同在於前者認為天、地有相交會處，而後者則認為天、地相平行，但二者都沒有地圓的觀念。

渾、蓋宇宙觀的爭議到了唐代一行和尚（683–727年）的地理測繪大致告一段落。開元十二年（724年），由一行所主導的大地測繪，獲得了許多前所未有的資料，從而徹底推翻了《周髀》「寸影差千里」的假設。這次的測繪，也使得一行質疑渾天與蓋天的宇宙論。有趣的是，一行並沒有因此將傳統的宇宙論全盤推翻，或從他所得到的數據推出地為圓形的看法。他只是守著曆算家的本分，不欲討論宇宙論的問題。雖然渾、蓋之爭在一行以後日漸衰落，但也正因為一行並沒有推翻渾、蓋的地平觀，而使得「地方」的看法，仍保留在常識性的認知上。由於古人對於大地的認識，從來就不像現代科學將地只當成一物體來研究，古人認為地屬陰、卑，臣服於陽，因而屬「方」的形而上特徵，才是構成古人認知地的主幹。宋代的理學家如邵雍（1011–1077年）、張載（1020–1077年）、朱熹（1130–1200年）等，也都是在這個基礎上，認為地是平的。

根據文獻可靠的記載，地圓概念明確傳入中國當在元代。據《元史・天文志》所載，元世祖至元四年（1267年），回教天文家札馬魯丁以木為圓球造了地球儀，其中七分為水，其色綠，三分為土地，其色白；地球儀上並繪有江河湖海，畫作小方井，以計算幅員之廣袤，里程之遠近。雖然札馬魯丁的地球儀具體地呈現了大地為球形，但是對於沉浸在「地平」典範中的當時人並未起什麼影響，趙友欽（1271–1335 年）便是一個例子。

趙友欽是元末明初有名的道士，他也見到了西洋人證明地為圓形的證據——月蝕時地球在月亮上的投影，但因趙自始即預設地是平的，所以他推論月蝕時月球上的陰影，亦即他所謂的「闇虛」，並非地的影子；也因此他認為月蝕的成因並非因地的障蔽所致。同樣肉眼所見的證據，卻因為東、西雙方對於大地形狀的理論預設不同，而有了完全不同的解釋。原來西洋人證明地為圓球的證據，在中國不但無法證明地為圓形，反而「證明」了月蝕的成因並非因為地之攔阻所致。

除了地球儀的輸入外，元代遼闊的版圖也使當時人意識到目前我們稱為「時差」，當時稱為「里差」的現象。元初的名臣耶律楚材（1190–1244 年）在編訂「庚午年曆」時，便發現同一月蝕，在不同兩地發生的時刻不一樣，因而提出了所謂「里差」的概念。由於他測里差所得的誤差和托勒密測經度的誤差相去不遠，耶律楚材「里差」的概念很可能承襲自當時阿拉伯人習自希臘人的天文學。有趣的是，西方因有地圓的觀念，因此，有經緯度的觀念，也將時差和經度差相連在一起。在中國的情形則很不同，即使耶律楚材提出「里差」的想法，但因為他不認為地為圓形，也因而沒有將「里差」和時差、經度差聯想在一起，而只把「里差」當成因觀測點間的距離不同所引起的現象。在下文中我們還會見到，時差是十七世紀來華西洋教士論證地為圓形的一個重要證據；但在中國，相同的現象，卻因為對於大地形狀的預設不同，而被忽略了。

綜上所論，西方人和中國人自古即對於大地的形狀有很不同的看法。西方的知識界大體自古即認為地為圓形，此一認知並不只是因為經驗證據顯示地為球形，而是在「四行說」的理論基礎上推導出地必為圓的結論。至於一般西方的曆算家則視地圓為其幾何曆算模式的基礎，因而地圓之說早已根深蒂固。中國的情況正好相反。由於中國人所用的曆算模式以代數為主，大地的形狀並非曆算上的重要問題，因而一般「天圓地方」的說法深植人心。即使西方的地圓觀念在元代已經由「回回曆」傳入中國，而且明代也一直沿用「回回曆」法，但因「回回曆」只用於朝廷中，不曾取代主流的「授時曆」和「大統曆」，地圓之說也因而未曾擴散到一般士大夫的圈子裡。正因如此，當耶穌會士將地圓說介紹進中國時，有關大地形狀的爭議漸起。

讀世界地圖（I）：西方地圓說的引進

最早論及西方地圓說的中文文獻當屬多明我會 (Dominican) 出版於萬曆二十年（1592 年）的《無極天主正教真傳實錄》。此書主要流傳在菲律賓的華僑間，對當時的中國士人沒有什麼影響，但從這本書中可以看出中國地方說和西方地圓說如何首度接觸。此書以四個現象支持地圓，頭兩個現象都和航海有關。第一是行舟時先見山之巔，而後見全山。第二個現象是第一個現象的延伸，即行舟時，先見舡桅，後見舡身。第三，因為地圓，故人不論居於何處，所見之天度皆為九十度；若地方，則四隅所見之天度不同。第四，月蝕時所見之地影為弧形，故知地為圓。不僅如此，該書還以圖說辨駁地方之說。下面三幅圖皆為反駁地方而作，第一圖謂地如為方形，那麼在高山上立一火把，則居住在方形同一邊的人，不論遠近皆可見火把，因為地無弧度以障蔽視線，但居住在不同邊的人，則無論如何皆見不到火把。（圖 4）第二圖則論證若地形為方，則吾人所見之天度不會是九十

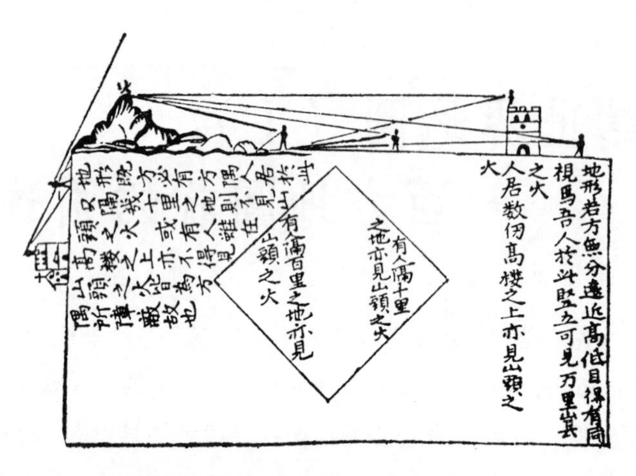

圖 4　地如為方形，那麼在高山上立一火把，則居住在方形同一邊的人，不論遠近皆可見火把，因為地無弧度以障蔽視線；但居住在不同邊的人，則無論如何皆見不到火把。

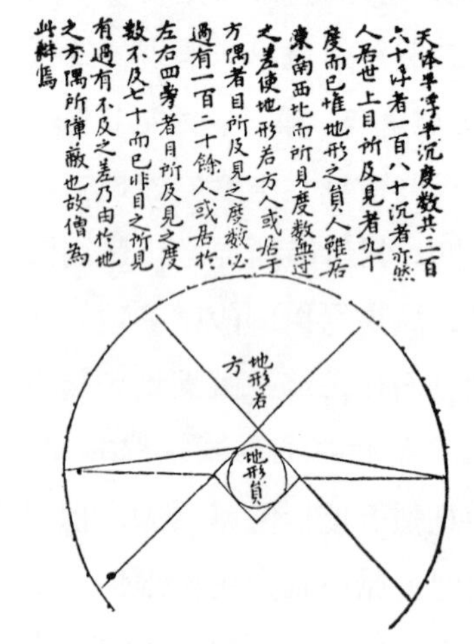

圖 5　若地形為方，則吾人所見之天度不會是九十度，而會因觀者的位置而不同。

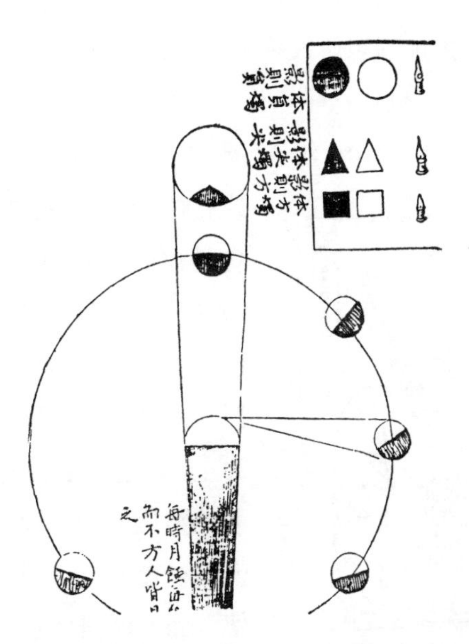

圖 6　若地形為方，則地影在月蝕時的投影應為方形的一部分，而不當是弧線。

度，而會因觀者的位置而不同。（圖 5）第三圖則謂若地形為方，則地影在月蝕時的投影應為方形的一部分，而不當是弧線。（圖 6）值得注意的是，此書的作者顯然認為中國人所認識的地為方形，而不僅是平面。另外，為了說服當時在菲律賓的中國僑民，這些多明我會士首重以航海現象說明地圓的概念，這在後來耶穌會士所著的文本中幾乎不曾出現。因讀者的差異，傳教士在說明地圓觀念時，策略也有所調整。

真正把地圓說傳入中國並引起熱烈反響的主要是耶穌會的教士，他們在十六世紀末到達中國。利瑪竇（Matteo Ricci, 1552–1610 年）（圖 7）原以佛教僧侶的面貌出現在中國，但在得知僧人的社會地位低下後，便換上儒服，以儒士的身分，傳天主之教，而利氏的傳教策略亦因而轉以吸引中國上層社會的人士為主，期能最終使皇帝改宗，而使整個中國人教。為了吸引上層社會的人士，利瑪竇開始傳入西方的自然哲學，並以世界地圖或三稜鏡等科學物品為贄，交接士人。利瑪竇以科學物品贈與士人，原是當時歐洲知識界常見的習俗。他則以這些科學物品，引發士人對傳教士的興趣；展現傳教士的文化素養，使中國士人對他們刮目相看，而不將之卑視為夷狄。

圖 7　利瑪竇像

在利瑪竇贈與士人的禮物中，世界地圖最受歡迎。利氏自入中國即以繪製地圖來了解中國各地的位置。萬曆十二年（1584 年），利氏應嶺西按察副使王泮（1539–? 年）之請，繪成《坤輿萬國全圖》，王泮並刻之於韶州。

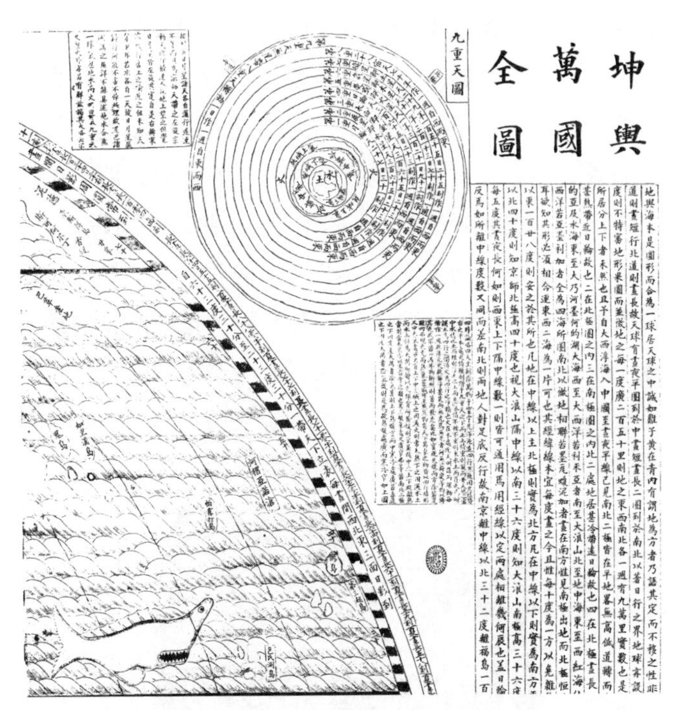

圖 8　1602 年版的《坤輿萬國全圖》（局部）　右上為西方托勒密九重天殼的宇宙模式，最右邊的文章為利氏說明西方地理知識的《乾坤體義》，小方框中的文字則為解釋西方的四行理論。

此後，利氏不斷重繪世界地圖，而這些不同版的世界地圖也一再重印，甚至被盜印，目前以 1602 年李之藻（1565–1630 年）的北京刻本較為常見。這份《坤輿萬國全圖》以橢圓投影技術繪成，並標明經緯度，和中國常見的方格地圖很不同。圖上除了標明世界各國外，也畫出了托勒密九層天殼的宇宙觀，清楚地標示天地俱為圓體，一旁的總說則介紹了當時中國人所不知的世界地理知識。(圖 8)《坤輿萬國全圖》一方面介紹西方的宇宙觀，一方面也說明傳教士的來歷。這些新的地理知識，震撼了久處中土的士人，同時表示傳教士在知識上可與中國士人匹敵。利瑪竇以地圖為贄禮的策略相當成功。後來所謂明末天主教「三大柱石」之李之藻即因深受此圖吸引，才開始與傳教士交往；而徐光啟（1562–1633 年）也是因為世界地圖才知有利瑪竇的存在。(圖 9)

圖 9　利瑪竇（左）與徐光啟（右）

利瑪竇相當明白當時的中國人認為地為平面，驟難接受地圓之說，因此努力舉證說明地為圓體。他為《坤輿萬國全圖》所寫的總說一開始便謂：「地與海本是圓形，而合為一球，居天球之中，有如雞蛋，蛋黃在蛋清內。有的人認為地為方，乃是說大地安定而不移之性，並非謂其形體為方。」利瑪竇以傳統的渾天與蓋天說，試圖彌縫中國人的認知，以取信於重視經典的中國士人。利氏謂地如雞蛋，是傳統渾天家的講法。為了說明傳統「天圓地方」的看法，利氏引用了《周髀》趙爽注謂「方」指的是地不動之「德」。如此，利瑪竇巧妙地利用中國傳統的宇宙論來引介西方地圓的新說，而且將西方認為地不動的概念和中國傳統「地德為靜」的概念相結合。他以中國的典籍作為迴旋的空間，使其地圓的說法可以證諸中國古代的經典。利氏的做法雖有利於使不熟悉地圓觀念的中國人接受，卻也易使人認為古代的中國人早已知道地為圓體，為往後的「西學中源」說埋下了伏筆。

利瑪竇接著便列舉地圓的證據，他首先以人往南或北移動時北極的地平高度的變化（此稱為北極出地高，恰即當地之緯度）來證明地圓。當時以每二百五十里為緯度一度。因此，只要是往南或往北走二百五十里，便覺得北極的位置會改變一度。利瑪竇並以此算出地球的圓周為九萬里 (250×360=90, 000)。其次，利氏接著以時差的現象來說明地圓。他說經度每差三十度，則時差一個時辰（即二小時）(360º/30º=12)，日、月蝕時，在同一經度的人可同時見到同一現象。此外，利氏又舉出他的旅行經驗為證，說他經過南半球的「大浪山」(即好望角）時，所見之南極出地三十六度，因而推論出「大浪山與中國上下相對」。而當時他並沒有如想像中般地往下掉，天仍然在他頭頂上；因此，他認為地形為圓，而周圍皆有人生存著。利瑪竇更進一步推論道，地既為球形，居於南、北兩半球相同緯度的人必然足心相對。他並建議，所謂的上下之分，應以人頭所頂為上，足履為下。如此他便回答了人如何站立在球形大地上。但這樣的推論對於相信地是平面的人來說，簡直是匪夷所思。

《坤輿萬國全圖》除了詳列各國國名和利瑪竇本人的說明外，利氏也不忘以他的新宇宙觀，配合耶穌會士合儒排佛的策略，嘲笑佛教的宇宙觀。此外，他還引用了自己在萬曆二十三年（1595年）寫成的〈四行論略〉，以說明宇宙的成因。另外，他尚在圖的空處，畫了以地圓為模型的天地儀製作法與使用法，也作了緯度一度的換算表、不同節氣太陽出入赤道緯度表、測日影法、測北極法與測節氣法，並說明了月蝕的成因及日、地、月之大小。(圖 10)「小小」的一張《坤輿萬國全圖》成為法、術俱全的曆算入門。利瑪竇在圖中將西方曆算、宇

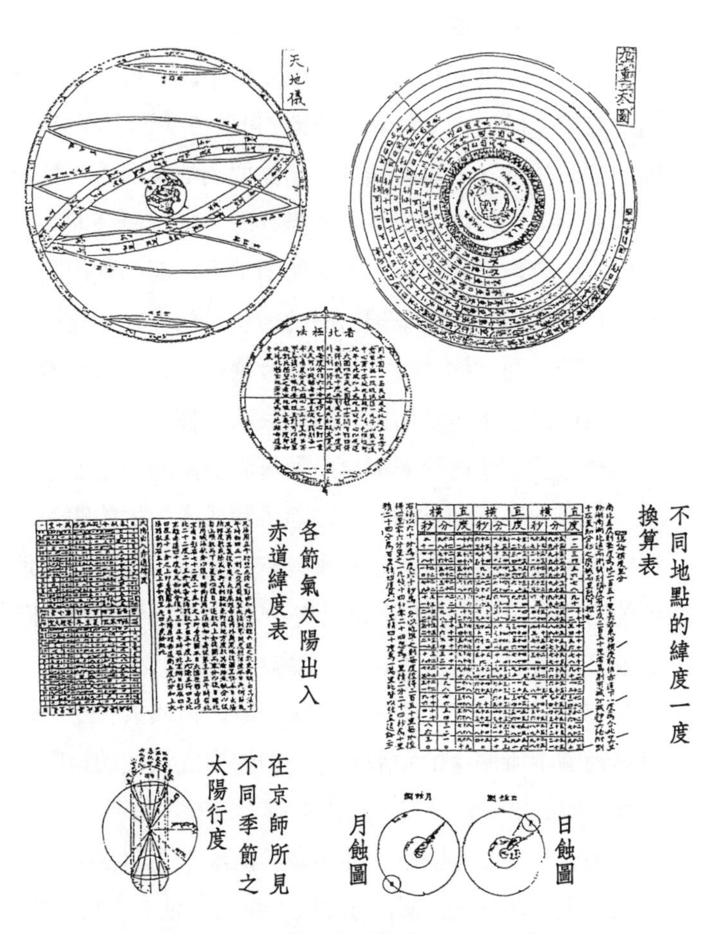

圖 10　《坤輿萬國全圖》中的天文知識

宙論和地理知識，藉著這張世界地圖傳入中國，建立了一套曆算的新典範。

然而，即使利瑪竇解說詳明，但中國人何以要相信這一套完全陌生的知識和宇宙觀?利瑪竇除了引經據典、徵引經驗證據和自身經驗外，還需要別的東西，以進一步說服別人。知識的形成是知識社群中的成員公開去異求同、整合信念的過程，不能閉門造車，而期望出門合轍：利瑪竇除了盡力呈現自己的說法可信外，還需要別人的認可。而在知識被認可的社會過程中，知識傳遞者的可信度扮演了重要角色。因此，利瑪竇十分巧妙地運用種種方式，將自己形塑為一個可靠的知識傳遞者。

在《坤輿萬國全圖》中，除了利氏本人的說明外，還有密密麻麻的題辭。這些題辭有些是以前幾版世界地圖的出版者所題，有些則是針對 1602 年的版本而作。題辭者多是有科名的士人，這些題辭可以視為「社會動員」。這些有社會地位的人所寫的序或題辭，無異於肯定利氏世界地圖中所傳達的知識訊息。例如李之藻便謂地圖中以地度應天度，及計算日月衝蝕等「皆千古未發之祕」；而利瑪竇為該版地圖所作的題辭，則謂李之藻稱讚他將「以為地度之上應天躔，乃萬世不可易之法」。利瑪竇利用李之藻——一位進士官員——肯定自己論點的話，以強化這些西方天文和地理知識的可信度。

另外，以圖像呈現地圓，當然是這些題辭和序文討論的焦點。吳中明（?–1617 年）的題辭謂地圓之說雖然不易理解，但其說法或有其根據，因而刊載此圖，以候知音。他承認利瑪竇旅遊經驗的可靠性，認為利氏乃因長年旅行，才得以一窺大地之全形。從吳氏的題辭看來，他對地圓之說或許不甚了了，但他似乎是承襲了晚明士人好奇的習氣，刊刻此圖，以俟來者。

在 1602 年版的地圖，利瑪竇自謂其地圖分成六幅，組成一個屏風，可以讓士人在書齋中玩賞。從吳中明和利氏的題辭可以看出，利氏的世界地圖在晚明時流傳於士紳之間，其玩賞的意義遠大於刻意的知識傳播。但利瑪竇卻可以透過這樣的管道，將西方的曆算知識轉化為文人清玩，藉著士人把玩地圖之際，使這些新知識滲透到士人的日常生活之中。當士人對這些新知習以為常時，利氏便已達成知識傳播的目的。

不過地圓之說在當時的中國畢竟是新奇可怪之論，連李之藻都承認：

> 謂海水附於圓形大地，而周圍俱有人存在，非常新奇而令人驚駭。

但即便如此，他仍辯稱：「只要是合理的說法，即使來自外國又何妨？更何況地圓之現象，可以徵之於天文與地理上之觀測。任何小心注意的人，都可以得到相同的結論。」不但如此，李氏還認為利瑪竇親身環繞地球一周，即使古代的人觀測日景，也不曾如此周遊廣闊。更何況不婚不宦的傳教士，無所求於世，類似得道之士，他們所說的話應當可信。再說這些外國人，不但旅遊經驗廣，且精於天文，航海旅行之際，不忘到處測繪，而世界地圖便是這些外國人的學術成果，乃外國清玩中之最精備者。因此，世界地圖上的新說雖然有些驚世駭俗，但應該可信而可傳。

李之藻這番話，幾乎是以一個知識上的信仰者，為利瑪竇的地圓說辯護。然而，這樣的說辭，又回到當時的中國人何以要相信一個外國人這個問題上。在題辭中，李氏除了以本身的社會地位及聲譽為利氏作保外，更特別強調利瑪竇的道德品質，彷彿利氏「類有道者」為他所傳播的知識提供了一層人格上的保證。李氏的說辭指出知識的可靠與否，最後還是回到對知識提供者是否可信。信任是知識形成過程中無可或缺的因素；而如何找尋可靠的人來為知識內容擔保，則是在知識生產過程中必須考量的問題。因為知識的成立與否不僅在其內容為何，更在其成形的過程中，各參與者如何形成對外在世界一致的看法。這自然不是說在知識形成的過程中，參與者無法彼此質疑，而是參與者要能相信彼此的質疑乃是基於善意與合理的基礎。如果參與者無法彼此信任，那麼知識的信念之網終將歸於破滅。

如果李之藻為利瑪竇的世界地圖辯護強調的是人的因素，以免別的閱圖者只因利氏為外國人，而抹煞了利氏的成就；那麼徐光啟和張京元，可說是從論理的角度為地圓辯護。這兩篇題辭皆不見於 1602 年版的世界地圖；它們都是針對利瑪竇以圓形投影法所繪的小圖而作，其年代亦當在 1602 年前後。徐氏的文章，後來還收進利瑪竇的《乾坤體義》。徐氏舉出三個理由為地圓說辯護。第一，如果地為平面，則南北不當有緯度的變化。其次，假設地是平面，且有緯度的變化，那麼依緯度變化的斜率無限延伸，大地遲早會與天撞在一塊。最後，他又引證《周髀》，謂在《周髀》中已含有地圓的觀念。

有趣的是，徐光啟還質疑：何以像郭守敬（1231–1316 年）這麼優異的曆算家，經過精密的測量，卻仍無法明白地圓的道理。不但如此，札馬魯丁已傳入地球儀，但郭守敬制訂曆法時，卻沒將大地的形狀考慮進去。「這不是郭守敬有意排擠札馬魯丁這位外國天文學家嗎?」徐光啟反問道。郭守敬的「授時曆」是當時公認中國歷史上最縝密的曆法，明朝所用的「大統曆」即沿襲「授時曆」。透過質疑中國曆算史上最偉大的曆算家，徐光啟無異對整個中國的曆算傳統打上了問號。其次，徐光啟質疑郭守敬壓抑首先將地圓觀念傳入中國的札馬魯丁，使其曆法不顯。雖然我們已無從考察徐光啟質疑的依據，但徐光啟這樣的質疑，放在當時改曆聲浪不斷，而利瑪竇又準備以曆法進軍朝廷的背景下，似乎別有用意。一來，他質疑中國的曆算傳統是否已走到盡頭，改曆的工作是否仍能在中國的曆算傳統中進行。二來，他聲援利瑪竇這些外國傳教士，希望中國的曆算家不要壓抑外國來的曆算專家。徐光啟和李之藻支持利瑪竇的策略恰成對比。徐光啟質疑中國曆算偉人的道德品質，從而顛覆其知識的可信度；李之藻則肯定外國專家的道德品質，以加強其知識的可信度。二者一為負面質疑，一為正面肯定。在 1602 年前後，利瑪竇已打算藉改曆作為在華傳教策略時，徐、李二人的題辭，無異在為利瑪竇傳教開路。

至於另一位士人張京元的〈題萬國小圖序〉則先引先儒所謂「地如卵黃」，以證地圓之說古已有之，且是儒家的說法。他接著批評：「一般人只是拘泥於天圓地方的觀念，因而以平面方格的形式來繪製地圖。其實所謂天圓地方，只是指天地動靜之性情，並非指其形體。」如同徐光啟一樣，張也說：「如地果真為平面，則地之平面盡處，與天相接連，即相礙著，天便無空間可以旋轉。而且平面必有盡處，但自古從未聞有人到過地之盡頭。這正顯示地體本圓，故無盡頭，而且人所見的天界，無論在何處都相等。大地如一丸，為氣所撐著，在圓天之正中，正如蛋黃在蛋白之中。」張京元還批評當時的中國人，足不出戶，少見多怪。有趣的是徐光啟引蓋天說，張京元引渾天說，二者在中國曆算史上曾是兩種相互對抗的觀點，如今卻都被拿來支持西方的地圓說。

以上這些題辭和序言，無非為利瑪竇傳入中國的地理新知背書。利瑪竇懂得利用士人的證辭來加強他自己的可信度，並將自己所獲得的可信度，轉而支持他所欲傳播的宗教。他在為 1602 年版世界地圖所寫的題辭，便特別談到了宗教問題。他認為天地本身便是一本大書，只有君子能通讀，而參與天地之化育。因此，知天地而可證主宰天地者之至善、至大、至一。學最終如不歸原於天帝，便如未學。利瑪竇將他的世界地圖轉化成一本解讀天地的大書，而且訴求的對象很明顯是中國社會的領導階層：士大夫。這本大書證明了上帝的存在及祂的屬性，而好學之士的求學歸向即在於認主。利瑪竇巧妙地將天主教融入儒學的論述，在這篇序言裡不論是「天」、「天帝」、「學」、「至善」或「歸于至一」，都是當時熟悉儒家經典的士大夫日常生活中的語彙，利氏便藉著這些概念來傳達天主教的訊息。經由地理知識與儒學概念的巧妙結合，利瑪竇向中國士人證明了上帝的存在。

利瑪竇以自然知識印證天主教教義的策略，逼得耶穌會士必須為地圓說辯護。耶穌會士所生活的世界是一個由上帝所創造，而且所有事物都有一定功能與目的的世界。正如《聖經・羅馬人書》中所云：

> 上帝之永能性體，目不及見。惟其所造之物，可睹而知，故人末由推諉。

因此，事物的存在本身，即印證了上帝的巧思和祂的存在，大地的形狀也不例外。地體為圓，即屬上帝之傑作。因此，耶穌會士只要討論自然哲學，便無法不將地圓之說傳入；宗教與自然哲學結合的結果，也使得耶穌會士不得不為地圓說辯護。在這樣的情形下，現代人將宗教與科學分開的方式，便無法用來了解當時耶穌會士的宗教／科學論述。

以上的討論當然不是說利瑪竇可以完全操縱這些作者，因為寫這些題辭或序的士人，可以從不同的角度來解讀這張地圖。在創作地圖上，利瑪竇只是給了一個文本，以及如何閱讀地圖的引子。閱讀是一種和文化歷史脈絡緊密相關的經驗，經由作者所提供的文本，讀者創造了另一個世界。

利瑪竇的世界地圖為他的讀者提供了一個想像空間，他的讀者則在中國傳統的文化意象下想像這個新的世界。如楊景淳在題辭中引了莊子（約 B.C. 369–286 年）「六合之內，論而不議」及子思（約 B.C. 480–402 年）「及其至，聖人有所不知」，以明天地之大，深不可測。楊氏也提到了〈禹貢〉和班固（32–92 年）的《漢書・地理志》在了解地理知識方面的努力，但卻認為這些嘗試，挂一漏萬，沒有一個比得上利瑪竇。他並稱讚利氏之圖「羽翼禹經，開擴班志」，一方面顯示利瑪竇的貢獻，一方面將之收攝於中國的文化傳統中。楊氏認為利氏的世界地圖能廣人見聞，使人心胸為之一開。又如，吳中明看到這張世界地圖時，想到的是鄒衍（約 B.C. 305–240 年）的瀛海九州與天地之大。利氏的世界地圖勾引起士人幽遠的遐想，在原來中國的疆界之外，開拓了一片未知的新天地。中國與這片新天地的關係，即將成為士人討論的議題。

除了幽遠的遐想外，利瑪竇世界地圖上遼闊的新天地，也引發了士人求道之心。馮應京（1555–1606 年）的序便提到了地圖上各地不同的風習和道之間的關係。他以明代流行的心學來整合利瑪竇的上帝，認為心乃上帝所降，人人之心量相同，盡心之性，可相感應。聖人代天行教，明道淑世。正是因為心無限量，故中國聖人之教雖西國所未與聞；而西方的先聖之書，中國人雖前所未知，但卻能「六合一家，心心相印」。雖然東西雙方風習不同，但中國人當有視這張世界地圖「如家園譜牒」兼容並蓄之雅量。馮氏之序從心學的觀點認為利氏的地圖也是人心的流衍，不必因利氏為外國人，而驚為可怪之論，甚至排斥他所傳播的地理知識。馮應京因而從儒學的觀點印證了利氏的宗教中至高無上的上帝，也印證了利氏世界地圖的可信度。

心儀天主教的李之藻雖然當時尚未入教，但利瑪竇的世界地圖也引起他重視此生，努力求道的遐想。他說：「看了此圖，與其心意相契。證明了『東海有聖人，西海有聖人；此心同，此理同』的古語。更令人想及人生如白駒過隙，如何事奉生成庶物之上主，才是人生應當積極關注的問題。」馮應京與李之藻的題辭其實是回應了利瑪竇在他的序中勉人努力求道的言論，看來利瑪竇用世界地圖為宗教作廣告的效果已然達成。

從曆算的角度去看此圖的讀者，也一樣從傳統的文化資源中解讀利瑪竇的世界地圖。例如，張京元引述了先儒的渾天說；李之藻的題辭則引述了蔡邕、《周髀》、〈渾天儀注〉和《黃帝素問》，並認為這些作品都已提及地圓的說法；徐光啟也說《周髀》其實已提及地圓。不論古人、古書的原意如何，這些文本在李之藻等人的解讀下都有了新意義，可以和地圓之新說配合。這些讀者以古典印證新說，因而加強了利氏地圖的可信度。他們的讀法，在現在學者看來雖有斷章取義之嫌，但卻適當地切入當時崇信文字的士人文化中。這種「想像過去，解釋現在」的方式，成為往後三百年中國人了解西學的主要形式。

利瑪竇的世界地圖在中國傳播甚速。傳教士時常重印這些地圖當作禮物，而好奇的晚明士人也喜歡蒐奇。後來，連萬曆皇帝都知道了世界地圖的存在，而派人向傳教士索圖。原來明代紫禁城裡的文華殿就置有輿圖，以備御覽。現在新的世界地圖出現了，而且呈現了比以往還大的疆域，也許萬曆皇帝在觀覽地圖時，又會多出一番新的感慨。世界地圖和地圓的知識甚至也引起流寇頭子張獻忠的興趣。當他逮獲當時在四川傳教的利類思（Ludvicus Buglio, 1606–1682 年）時，他便要求神父為他講解地圓的道理。對於這些高高在上的權力掌握者而言，擁有新的世界地圖，象徵了他們掌握著全世界，從而印證他們的天命。除了這些手握天下權的人外，清初一位僻處在山西衙門裡的師爺也曾寫信請他任職在欽天監的奉教族人再寄一張世界地圖給他，因為他原來的地圖被山裡的猴子撕壞了。看來自西洋人傳入世界地圖後，不少中國人對於世界地圖中所呈現的新世界很感興趣。

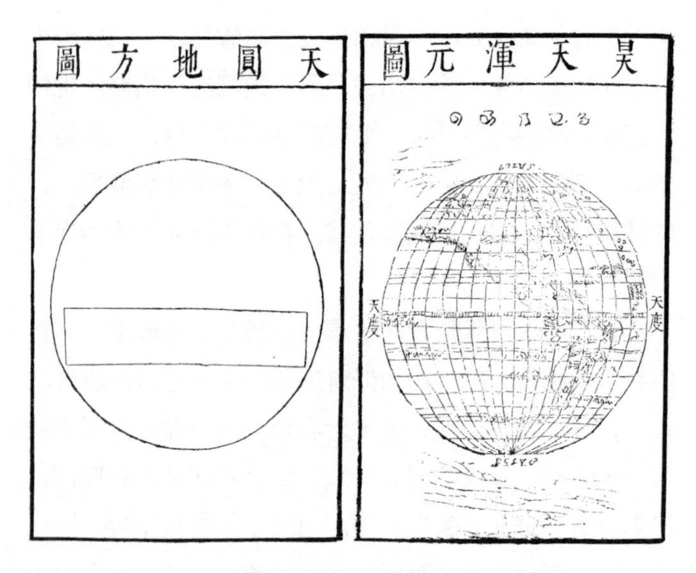

圖 11 《圖書編》中兩種互斥的宇宙觀

利瑪竇的世界地圖不但一再重印，也被人引用，甚至盜印。萬曆三十六年（1608 年）出版的《三才圖會》、萬曆三十八年（1610 年）出版的《方輿勝略》和章潢（1527–1608 年）的《圖書編》都介紹了地圓的知識，甚至也都引用了利瑪竇的地圖。《圖書編》中不但引用了地圓之說，也同時畫了一張天圓地方圖。（圖 11）雖然這可能和《圖書編》類書的體例有關，但章潢不在乎這一矛盾的知識態度，更說明了明末士人對地圓說的看法，恐怕有不少是出於獵奇。他說：「天圓地也圓，這與古代的記載正好相反。因而我這兩種說法都保存，以增廣見聞。」上述這些書中的圖和說明，不是語焉不詳便是有錯誤，顯然是直接或間接引用他書而來。這個有趣的現象說明了當時人對於地圓說雖存有不少好奇，但卻無法掌握其義蘊和投影的技術。這是由於傳教士的世界地圖包含了很多新的訊息，而且以橢圓或圓形投影繪成，傳抄時很容易出錯；再加上解讀地圖和地圓知識的相關運用，也只有和傳教士有直接接觸的人才能獲得，二手傳播反而常常扭曲訊息。這也顯示出西學在中國傳播時，和傳教士立場越近的人（如教徒），越能接觸一手材料，越能跟隨著傳教士所提供的線索去閱讀；而和傳教士的立場相去越遠（如反教者），無法取得一手訊息者，便越會依自己的意圖去闡釋傳教士的訊息。

圖 12　湯若望像

利瑪竇之後，西方傳教士如畢方濟（François Sambiasi, 1582–1649 年）、艾儒略（Julius Aleni, 1582–1649 年）、湯若望（Adam Schall von Bell, 1592–1666 年）（圖 12）和南懷仁（Ferdinand Verbiest, 1623–

1688 年）都曾繪製世界地圖。畢方濟與艾儒略在為他們的地圖作序時，和利瑪竇所談的要點沒有太大的不同；如艾儒略從天主造化四行萬物談起，以明天地之大，主之萬能，啟人敬畏之心，進而勉人以上主賦予之靈才修身事主。這些說法其實重複了利氏以地圖傳播宗教訊息的策略。和利瑪竇較早的〈地輿萬國全圖總說〉不同的是，這兩篇序言，自始即將宇宙的生成歸於造物主，傳教意味更濃。

艾儒略別有《職方外紀》之作，為《職方外紀》作序跋者有不少是信徒，他們對於地圓的討論不多，而敘述的方向也大體跟隨艾儒略，強調天地之大，與人對上主的尊崇。這樣的討論模式和《職方外紀》濃厚的傳教意味有關。比如，艾氏便在印弟亞（即印度）中論及其沿海已改奉天主教；在耶穌的誕生地如德亞，則介紹了天主教的主要教條；在歐邏巴總論中，不但介紹了歐洲的學術，更強調全歐洲都信奉天主教，無異端，無異學，他並仔細地談到了歐洲人如何實踐天主教。在《職方外紀》中，宗教深深地嵌入地理知識之中，顯現出對天主教的尊崇，以及傳教士的文化素養。雖然他們也是外國人，卻不是中國人眼中一般的蠻夷，而是可與中儒匹敵的「西儒」。

雖然教徒們很容易跟隨傳教士的指引去讀這些地理

作品，但其他人卻有不同的方式——一種傳教士或許想像不到，但卻和讀者本身的文化歷史脈絡相關的方式——來讀傳教士的作品，熊人霖（1604–1666年）的《地緯》便是一例。熊人霖所知的西洋知識來自乃父熊明遇（1579–1649年），而熊明遇是支持當時傳教士入朝改曆的重要助力。熊人霖的《地緯》主要取材自《職方外紀》，二者一開始皆討論地圓。最有趣的是《職方外紀》引用了亞里斯多德的一個談法，以說明地不但圓且不動。艾儒略寫道：「如果通過地心打一隧道，則不論從隧道任一方投下一物，該物必停止於地心之中。」這樣的想法，只有從亞里斯多德的哲學，認為地心是宇宙中心，而所有重物都有自然墮到地心的自然傾向才能理解。艾儒略便以這個談法說明天圓地方不過指天地動靜之德，並非論其形狀；且地既為圓，則無處非中。然而這個亞里斯多德的論點不見於《地緯》。《地緯》卻以「形方總論」為標題討論地圓，謂：

> 地勢圓，正象天。

熊氏並引曾子的話謂：「天道曰圓，地道曰方。」以為形方不過謂地之「道」。「道」和「上帝」間的形上差異，標示著一位直接接觸西學又非教徒的士人和傳教士間的不同；而省略了亞里斯多德的觀點，則標示著當時中國士人的常識與西方經院傳統中訓練出來的傳教士有一段距離。熊人霖因而不把事物的終極原因歸諸於上帝，而仍在傳統文化中解讀西學。

《地緯》總共八十四篇，它不但蒐集了所有《職方外紀》中所記載的國家，而且還加了一些中國的四裔和來朝的國家，以湊成九九八十一篇。這個數字象徵了「陽數」。另有「論一篇，應天；圖一卷，應地；繫一卷，應人，以象三才」。如此象數性的安排，將《地緯》安置於中國傳統的宇宙論中。雖然《地緯》的材料來自西方，但卻以傳統的志書體例編纂。熊人霖對天主教的興趣不大，因此在介紹如德亞時，天主教的教條通通被刪去；在介紹歐邏巴時，說「它的政令，大抵如中國，而皆源于耶穌之學」。這大概是因為在《職方外紀》中，歐洲諸國是除了中國以外最文明的國家。熊人霖也是站在這個基礎上，而相信地圓。他說：

> 西土之人信乎？信。何信乎西土之人？曰：以其人信之，其人達心篤行，其言源源而本本。

對熊氏而言，西方之人並非夷狄，在品德上可以信任，因而是可靠的知識傳播者。他對傳教士知識的信任，則來自於本身和傳教士的直接接觸。

雖然熊人霖在《輿地全圖》中引用了明末流行的橢圓投影地圖，以說明大地的形狀，但對這個物理大地的詮釋，卻都回歸到傳統宇宙觀中天、地與帝王間的關係：帝王法天地而用兵刑，存仁心而理天下。熊氏更進一步分辨中、西政教之不同，而終歸於獨尊儒術。他認為中國政教相合，而西洋則以教為政。因而耶穌之學，不過是儒學的分支，無怪乎熊氏認為歐邏巴政教與中國同。熊人霖似乎是以明末流行的三教合一的方式，來融會新的外來宗教。而地圓之說在這樣的觀念下也有了新的意義：他認為歐洲人傳入地圓說，將許多未知之境帶入大明之版圖。所謂幅員即是「盡地之圓以為幅也」，雖然傳教士常謂自己是「慕義來朝」，但被中國士人——而且是曾直接接觸傳教士的士人——如此理解，恐怕也是自己始料未及。對於傳教士而言，地圓可以證明上帝的存在；但在熊人霖筆下，西方的地圓說不過證明了中國儒術之高崇及大明幅員之遼闊。以一位對傳教士相當友善的士大夫，在閱讀西方的地圖時尚且如此，那麼對西方傳教士沒有好感的士人，恐怕會有相當不同的解讀。

明末曆法改革脈絡下的地圓說

利瑪竇在了解到明朝政府改革曆法的需求後，以曆法求得在華一席之地，便成為耶穌會士的重要策略。為此，利瑪竇還請求羅馬總會協尋書籍和精通曆算的會士，他的請求甚至還被轉送到伽利略（Galileo Galilei, 1564–1642 年）與克卜勒（Johannes Kepler, 1571–1630 年）的手中。可惜利氏並沒有活著看到自己苦心經營的策略實現。但就在他死後不久，改曆的氣氛慢慢形成，傳教士們進駐宮廷，翻譯天算書籍。隨著西方曆算學大量輸入，作為曆算基礎預設的地圓說也隨之進入。地圓說在中國的傳布，進入了一個新的階段。

耶穌會士既然要以曆算為敲門磚，便不得不為地圓說辯護。這一點在熊三拔（Sabatino de Ursis, 1575–1620 年）的《表度說》中表現得相當清楚。萬曆三十八年欽天監裡的一位官員周子愚建議晉用西洋人翻譯西書，以為改曆之張本，《表度說》便是在這一建議下於 1615 年完成的作品。圭表是曆法測量的基本儀器，中國自古便已使用。但誠如周子愚所言:「雖然中國的欽天監自古已有圭表，但因沒有相關的書籍，因此其原理不清楚，也無法發揮其功用。」《表度說》以幾何模式的天文學為基礎，探討圭表之使用。該書一開始便說明了使用圭表的五個幾何前提，熊三拔花了最長的篇幅來討論「地為圜體」一條。對此，四庫館臣有如下的評論:

> 是時地圓地小之說，初入中土，驟聞而駭之者至眾。故先舉其至易甚明者，以示其可信焉。

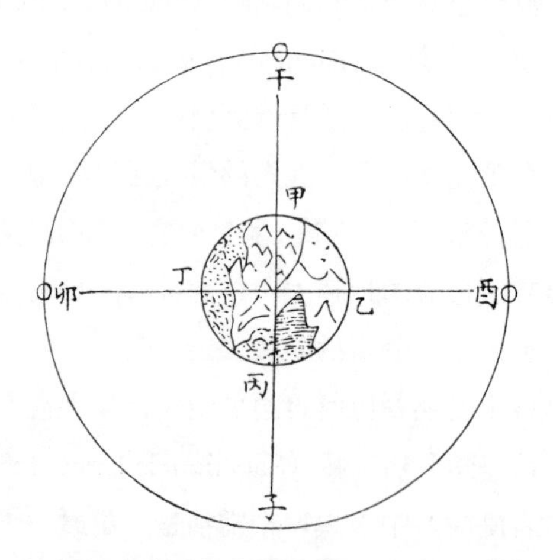

圖 13　《表度說》中觀測天象時的時差解說圖　如地為平面，則甲、乙、丙、丁應可同時觀測到某一天文現象。今乙地酉時所見之天象，甲地必待午時而後見，足證地為圓，不為平。

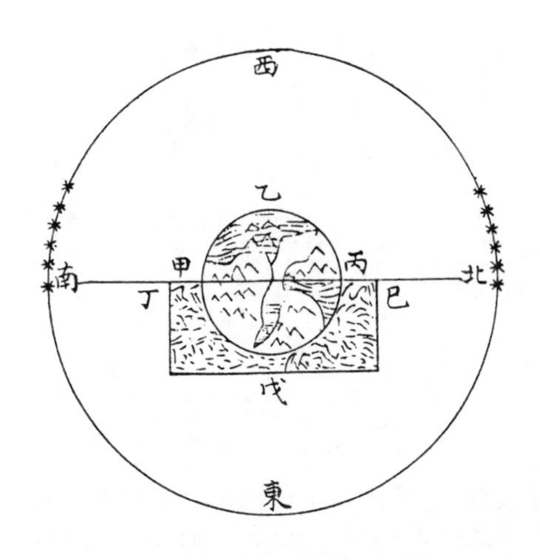

圖 14　《表度說》中以人往南、北行所見北極星地平高度不同，以說明地圓。

熊三拔首先談到地圓乃造物主之傑作，並跟從利瑪竇的說法，謂地方只是論地之不動。其次，他詳細繪圖討論了西方天文學傳統中地圓的證據，第一條證據是時差。(圖 13) 熊三拔先論定時差的常數為「九百三十七里半，而差一刻」。西方的天文學家要知兩地的距離，便相約在同夜測月亮與某星同經度時，其時刻為何，透過時差常度的換算，便知兩地的距離。其次，他以北極高度的變化，作為地圓的證據。(圖 14) 熊氏並謂，人若在一平地上，「目力所及大約能見三百里，即使在最高的山上，沒有能見四、五百里的人。這是因為地為圓體，中間突

圖 15　《表度說》中繞行地球一周的時差分析圖　甲船由西往東行，先見日出地；乙船由東往西行，後見日出地。因此，當二船行相等距離到達目的地時，將先後差一天。

起，而遮蔽兩邊的緣故」，因此大地並非平面。其次，他再度圖解從不同方向繞行地球一周時，所產生的時差現象。（圖 15）最後他討論到中國人時常問的問題：如果地真的是圓的，那麼人如何立於地球之上？他的回答完全建立在亞里斯多德「四行」的理論上。他說：「凡是重的東西以地心為下方，以天為上方；而重物的本性就是往下墮；當有地面阻止之時，物體便會留在地面上。地球懸於空中，四方的重物，墮向地心，彼此相衝相逆，而不會脫離大地懸空。」（圖 16）這一解釋建立在西方四行說的基礎上，但是對於生活在陰陽五行宇宙觀的中國人而言，這樣的解釋到底有何說服力，頗值得懷疑。日

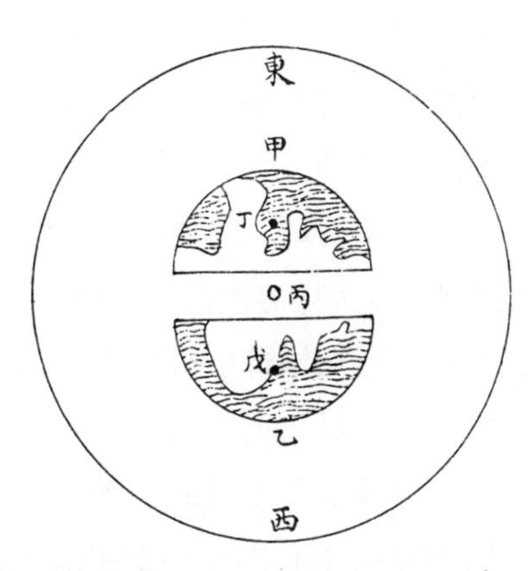

圖 16 依據四行的理論，凡是重的東西以地心為下方，以天為上方；重物的本性往下墮。當有地面阻止之時，物體便會留在地面上。地球懸於空中，四方的重物，墮向地心，彼此相衝相逆，而不會脫離大地懸空。《表度說》以此來解釋何以人能立於地球表面而不傾斜。

後為地圓辯護的中國士人，也很少採用這樣的觀點。

刊刻於 1628 年的《寰有詮》則以設問的方式，反駁對地圓的質疑。懷疑地圓的人認為如地形果圓，則日出之時，吾人所見當為兩圓之相切；其次，依定義，則圓弧各處皆當均平，但吾人所見並非如此，從水的不同流向與地面凸起之山，可見大地非圓。《寰有詮》並未針對這些問題作答，只舉東西有時差、南北有里差、月蝕所見之地影及土性就下等古典亞里斯多德時代的證據來說明地圓。有關這些問題的回答，卻可見於高一志（Alfonso Vagnone, 1568–1640 年）於 1633 年所著的《空際格致》。

《空際格致》首先否定了一些對大地形狀可能的假說：例如認為地的形狀像桌子，像鼓，像石柱，或像盆子；也否認了地下有深根，延伸至無窮。高一志也認為中國一些讀書人認為夜短的地方乃地角的尖處，或是地形如饅頭，而崑崙為其尖端等說法都是無稽之談。其次，《空際格致》提出了六個論據來證明地圓，除了平常傳教士已常提及的月蝕所見之地影和時差現象及土行內聚而成圓形外，第一個論據是如果地非圓形，則地度無法和天度相應，因而無法使用各種三角測量的技術，使天文測量產生偏誤。其次，高一志認為如果拿兩盆水，一置於山頂，一置於平地，則地表的那盆水水面會比較高。他的結論完全是從四行的特質推導而來，他認為水愈近地心，愈與圓形的地表自然產生親和力，因而下面的水會凸於上面的水，使地表那盆水水面比較高。第三，高一志認為在相隔數百里處，各豎立百丈高的圭表，各與地面垂直，那麼圭表的基礎部分相鄰較近，圭表的上端相隔較遠。這也是因為地為圓形之故。

除了討論地圓的正面論據外，《空際格致》尚駁斥了一些對地圓可能的質疑。例如，地形若像盆子，則住在西邊的人見日、月之出，必先於東方的人。又如有人質疑地表上有不平的山谷，怎能算是圓形？高一志的回答是：這些不平之處所佔地球的度數小到可以忽略，更何況地空缺之處為水所填補，而使其形更圓。又有人問，如地果為圓形，則日始出時，與地平相切之線應為曲線，為何人目所見卻是直線?高一志說這切線的確應為曲線，但因人距太陽很遠，因而其目所見唯直線。因人目距日甚遠，所見之太陽小於地，但太陽其實大於地一百六十餘倍。若是我們都能把那麼大的太陽看成那麼小，則太陽與地相切處的曲線看來也變成直的。人們從高山望海所看到的水平線，也是類似的效果。因為圓周越大，其曲度越小。《空際格致》一書從正反兩面對地圓提供了從利瑪竇以來最詳盡的解釋。

以上這些作品大體從論理的角度，申說地圓之必然。然而地圓說如果只是留在理論或只是對大地形狀的一種觀點，那麼它大概只能吸引好奇之士，而無法在明末的曆法改革中著力。由於改曆的需求，使得地圓說不只是一種對大地的詮解，而必須和儀器及算法結合，成為在曆算中實際操作和運用的基礎假設。這個新的發展，將利瑪竇地圖中的地圓觀點，更向前推進了一步。

成書於 1611 年的《簡平儀說》和成書於 1615 年的《天問略》便闡明了地圓的觀點如何運用在天文儀器上。《簡平儀說》依據南北行有出極高的變化，操作儀器，反證地為圓形。《天問略》主要介紹托勒密的宇宙論，具體討論了日、月蝕等天象的成因，並以時差作為地圓的主要證據。《天問略》和《表度說》皆是將地圓當成理論假設，以說明現象和設計儀器。由於改曆的需要，耶穌會士必須將幾何的曆算模式具體化，使得地圓理論能實際操作，以制訂曆法。不論是圭表或是簡平儀的使用，都是將抽象的地圓理論，變得具體而可操作。這些討論儀器的作品，使得地圓的理論更形穩固，而地圓說也因儀器而變得更為具體，且能實際應用。儀器因而成為理論知識的肉身，只要使用這樣的儀器，便只能接受製作儀器時所依據的理論，理論與儀器相互為用，互相加強。

以地圓作為基本假設的幾何曆算模式，不但有儀器，而且可經由三角函數和對數等新的計算技巧和算表，發展為一套完整的曆法系統。接替徐光啟進行曆法改革的李天經（1579–1659 年）就此特別說明新法的優點。李天經認為中國主要的曆算技術都是以圓的內接三角形的邊去逼近圓弧，而且 π 值取的都是 3，因而有很大的誤差。至於西方的三角函數表，直接便可查表，獲得各種計算需要的數值，簡省了很多計算程序。因而中國以往完全以勾股為主所發展出來的曆法計算，無法窮盡西方曆算之妙處。經由儀器和算法的配合，地圓不再只是一孤零零的陳述，而是可以測量、計算的系統。在明末的曆法改革中，地圓說成為可以具體操作的曆算理論中的一環。

有關明末地圓說的討論，尚散見於其他書刊，但是對於地圓的解釋，從利瑪竇的世界地圖到《空際格致》，不論是從地理、曆算或四行的角度來論地圓，幾乎都已窮盡。翻來覆去地討論，就是這幾點。傳教士所傳入中國的地圓理論，已形成穩定的論述。對傳教士而言，他們可能覺得已將地圓之理說得清楚明白了。但是知識的形成是一社會過程，只聲稱自己所傳播的知識是事實，不足以服人，重要的是傳教士如何努力經營出使中國人接受他們想法的社會環境。不幸的是當時的氛圍和利瑪竇時已有了顯著的不同。萬曆四十四年（1616 年）的南京教案，開啟了明、清反教的先聲。雖然傳教士幸運地因為崇禎皇帝決心修改曆法和為明朝建造火器，得以走出教案的陰影，進入朝廷，但這也使他們隨即捲入曆法鬥爭中。除了反教士人外，他們還得應付堅守中法和回回曆法的曆算家。

明末士人反教的觀點集中在崇禎十三年（1640 年）所出版的《聖朝破邪集》中。這部書是鹽官徐昌治受其師密雲圓悟大師（1566–1642年）的指示，蒐集當時反教言論而成。在反教士人的言論中，傳教士的身分從信徒口中的「西儒」變為「狡夷」。稱謂上的改變，深刻地表達了反教士人對傳教士的鄙夷，他們不信任來華傳教高目深鼻的洋人，自然也懷疑他們所傳遞的知識。對傳教士首先發難的沈㴶，便認為引入西洋人來改革曆法並不恰當，因為耶穌會士傳入中國多重天殼的宇宙觀，認為日、月與五大行星各據一天；但傳統中國的宇宙圖像中，日、月最大，尤其太陽是人君的象徵。這些洋人的宇宙觀，無異顛覆了自然和社會的秩序。

沈氏的說辭，在現代人看來不過是危言聳聽。但在傳統中國社會，天文曆算本來就和皇權緊密結合，定曆授時的工作蘊涵著合理王朝秩序的建立，因而曆算知識的改變，也象徵著王朝秩序的變更。傳教士或許認為自己只不過是在從事修改曆法的工作，但對西洋人抱持懷疑態度的士人，則認為曆算知識的改變，不但變更了祖宗成法，而且破壞了原有的社會秩序。雖然《聖朝破邪集》有攻擊西方曆法的文字，但地圓並不是爭議的焦點。其中一篇批評利瑪竇世界地圖的文章，並未談及地圓，而是抱怨利氏未將中國放在世界地圖中間。另一篇則質疑傳教士的旅行經驗，為何不見於中國的地理書。這些批評也顯示了中國如何在新的世界觀中定位已成為當時士人關心的問題。

耶穌會士為明朝改曆進行得並不順利，當時中算家的阻撓固然是因素，但崇禎皇帝遲遲無法下定決心採用西法才是主因。其中牽涉的不止是政治層面上的問題，也有許多技術問題更待克服。原來明代自始便採用回教的曆法來校定「大統曆」。因此，崇禎皇帝自始便期望這種不同曆法的合作模式能繼續下去。然而，這並不符合傳教士的利益，而且有些曆算的參數修改後，也無法和原來中國的曆算系統相容。但領導改曆的徐光啟、李天經等卻都承認只有用西法，才能保證曆法的準確度。另外，西法雖然已在欽天監中自成一個獨立的機構，但是西法的效驗及曆法參數的校定仍需要很多時間不斷觀測才能證實。而在改曆期間更有半路殺出的程咬金，如魏文魁等，不斷挑戰西法。後來崇禎皇帝還是決定改用西法，但仍維持「大統曆」的名稱。只是為時已晚，當年流寇攻入北京，繼而滿人入主中國建立了清朝。晚明以來改曆的成果反而成為證明了滿人的天命證據。

然而西法取得正統地位，也是經過了一番鬥爭。當改朝換代的時候，欽天監裡各個不同的曆法系統都向新主子進呈他們的曆法，最後湯若望藉著天象觀測而勝出。也在湯若望的努力下，欽天監逐漸換血成功，將其他的曆算系統排除在外，這也是幾千年來中國曆算傳統的一大革命。湯若望雖任職欽天監，卻頗受滿洲皇室的信任。這也使西洋人在中國的傳教事業，更為順利。

但是傳教士為一向被明人視為外夷的滿人編曆，反而更暴露了傳教士外國人的身分，引起反滿士人的抨擊。一向強調夷夏之防的王夫之（1619–1692 年）便不遺餘力地反對西方傳來的地圓說。他視傳教士為西夷，認為利瑪竇只是剽竊中國渾天家「天地如雞卵」之說而作地圓。他以「人不能立乎地外，以全見地」為由，來反駁傳教士以航海經驗證地為圓形。王氏並提出，如果大地渾圓，則人不論立於何處，所見當為弧形。但是經驗告訴我們，即使是在中國域中，「地表仍凹凸不平，那裡看得見圓弧?」他因而論定地無一定之形。王夫之的論證，建立在「圓」字的曖昧性上。自傳教士觀之，地球甚大，故其上之小窪小凸，不足與其圓弧比觀。但自王夫之觀之，日常生活所見地之不平，即可以證明地絕非圓。

此外，利瑪竇雖提出人往南北移動時出極高度有變化以證地圓。但王夫之卻提出感官不可靠的知識論立場，來反駁利瑪竇所提的證據。王夫之認為，北極出地高的變化和人視界的變化有關，沒有二百五十里改變一度的常數。他並譏笑利瑪竇只倚靠望遠鏡的技術，死算大地為九萬里，可嘆的是百年以來竟無人揭穿他的技倆。望遠鏡是當時西方傳來的「高科技」，伽利略以望遠鏡觀測月球表面及木星衛星，至今仍為科學史家所津津樂道。但王氏卻批評利瑪竇欲依賴望遠鏡來增加視力，是可笑的做法。王夫之藉著否定傳教士所仰賴的儀器，一併否認了與儀器相關的知識。

王夫之雖為明末大儒，但他的作品在當時流傳不廣，他對地圓的批評，影響可能相當有限。儘管明末地圓說已進入中國，而且也開始有了爭議，但一般士人仍活在「天圓地方」的世界觀中。「天圓地方」和外物、人之間的感應關係，仍是當時士人自我理解和理解世界的架構，地圓說似乎在明末並未引起太大的震撼。對地圓說最激烈的攻擊，大概要以清初的楊光先（1597–1669 年）為代表。

讀世界地圖（II)：地是平的！

楊光先是明末那個混亂的大時代，一個戲劇性的小人物。他生於安徽南部的歙縣，來自一個軍戶家庭。原本他可以長子的身分承襲副千戶的小武官職，但他卻讓爵給他弟弟，自己跑到北京做生意。楊光先讀過一些儒家經典，也應該參加過科舉，但一輩子卻沒科名。在北京的時候，槓上了當時提議廢止科舉的吏科給事中陳啟新和宰相溫體仁（1573–1638 年)。二人是當時御前的紅人，楊光先則在 1636–1637 年間，狀告陳啟新等人的種種不是，並抬棺待死。抬棺也許只是策略，卻是向世人表白他一死報君王的決心。崇禎皇帝沒有理會楊光先的上疏，並把他流放到遼東。但楊光先卻因此出了名，據說當時北京城萬頭攢動，爭著目送他被流放。入清後他回到了北京，卻搖身一變成為儒家正統的衛道者，向新的滿洲皇帝誓言他的忠貞。

楊光先在順治十五年（1658 年）時，因看到釘死在十字架上的耶穌畫像（圖 17)，而起了攻擊天主教之念。

圖 17　楊光先《不得已》中的耶穌被釘十字架圖

楊氏在順治末年連年上疏未果，但這不但未停止他的反教行動，反而使他自費刊印他所寫的反教文章。但傳教士也不是省油的燈，趁著康熙二年（1663 年）的明史案，他們誣告楊光先在為人所寫的序中出現過「明史」二字，因而可能與明史案有所牽連。明史一案是發生在康熙二年的文字獄，起因於莊廷鑨（?–1655 年）所刊刻的《明史》有污衊滿人之嫌，清政府亦利用此機會整治江南士大夫的勢力。當時因此案而死或被流放的人相當多。但根據楊光先自己的供詞，傳教士只憑「明史」二字的栽贓手法實在太拙劣了，而使他幸運逃過一劫。不過從傳教士的極力反擊，可以看出他們已感受到楊光先是個難纏而危險的對手。

現在雙方的樑子越結越深，終於在康熙三年（1664

年）由楊光先掀起了所謂「康熙曆獄」。這次他告傳教士到處建立教堂，意圖不軌。當時滿人才入主中國不久，康熙則是一個年幼的孩子，以鰲拜（?–1669 年）為首的輔政大臣，最擔心的便是社會秩序的問題，也因而才有《明史》一案的發生。楊光先的告疏正好擊中了這個要害。當時在北京以湯若望為首的傳教士立刻被下獄受審，五位信教的欽天監官員還因此賠上了性命。後來雖然因一場及時的地震，使傳教士逃過死劫，但湯若望便在被釋不久後去逝，而其他在京的傳教士則伺機反擊。楊光先擊敗傳教士後，取得了欽天監正的位置，並試圖恢復中法，暫時中斷了西法的正統地位。但最後由於楊光先終究不是曆法方面的專家，又無法與人合作，而於康熙八年（1669 年）因無法使曆法準確，又被以南懷仁為首

圖 18　湯若望（左）與南懷仁（右）

的傳教士奪回了欽天監的掌控權。（圖 18）此後到十九世紀初，欽天監一直都由西洋人掌握著制訂曆法的實權。我們現在所用的農曆，基本上便是傳教士所留下來的遺產。由於楊光先一案影響深遠，楊光先攻擊新法和天主教的理由，也因而在關心曆法的士人圈子間廣為流傳。

在楊光先對傳教士的批評中自然不會放過地圓這個議題。楊氏對西方地圓說的批評集中在 1661 年所寫成的〈孽鏡〉一文。〈孽鏡〉緣起於湯若望所刻的輿圖。該圖分為十二幅，頭尾相接。楊光先正確地看出，這幅世界地圖的確表明地是圓形的；便直截了當地指出，西洋曆法的毛病全在於地圓的說法。他的確清楚地認識到新法以地圓為布算的基礎，因此，楊光先便由此加以反駁。楊光先提出了三點理由：第一，若地為圓形，那麼在圓弧下端的人必將倒立。他說：「只要有常識的人，稍用常理，便會對地圓的說法笑得噴飯滿桌。」他並建議：如果地球果然像傳教士所說，那麼他楊某人站在一樓板上，只要湯若望能倒立於樓板之下，那麼他就相信地是圓的。其次，如果地為圓形，那麼海水必將傾瀉流溢。楊提議做一簡單的「實驗」。他說如果湯若望能側著拿一盆水，而不使水流出，那便證明了水能附在圓形大地而不溢出，他楊某人便相信大地之旁及其下有國土；但即使真的有在旁在下之國，那麼這些國的人都泡在水裡，西洋人皆成為魚鱉，而湯若望當然也不是人。

此外，楊光先也不承認傳教士航行世界一周的經驗。他說傳教士南半球的說法只不過是聳動之說，其實中國人早知他們撒謊，只因沒有親身航行，無法拆穿傳教士的荒誕。楊光先又問道：如果地真為圓，那麼地如何在空虛中安著？不但地無法安著，人還必須倒立，但如此一來，在下之人便被壓成肉泥。再者，根據楊氏的看法，如果地為圓形，那麼應當不會有月相的變化。楊光先認為月無光，映日之光為光。望之時，日降月升，故月之一面得以全映日之光；而合朔之時，日月同出於東方，故月背受光，而地上不見月。他並認為地如為圓形，便會遮著太陽，以此反駁地圓之說。楊光先的批評在當時的人看來之所以合理，乃因為傳統宇宙觀中，地、月、日的距離比西方天文學中的數值小了很多。

楊光先如此系統性地批判湯若望的地圖，大概連傳教士都很難想像。對傳教士而言，人之倒立、水之附土以及地之安著，他們都已解釋過了。在地球另一端的人，並不會倒立。傳教士認為以自己的旅行經驗，或以人為中心，定義上下，都可以解釋倒立的問題。至於水之附土以及地之安著，皆可用四行的理論加以說明。但這些解釋都不能滿足楊光先所提議的「實驗」。至於傳教士視為地圓的證據，如時差、里差等，楊光先也都加以否認。

楊氏辯稱二百五十里而差一度，根本是湯若望為了滿足地之圓周九萬里 (250×360=90, 000) 而定出的常數。依據羅盤，天周卻是三百六十五度又四分之一，而不是三百六十度。從現代人的眼光來看，天周分為三百六十五度又四分之一，或三百六十度乃是人為的區劃。但對楊光先而言，他看到的是違反「古先聖人之法」，除了傳統中國劃分天周的方法，傳教士無論如何劃分天周，都不可能是正確的。傳教士常謂自己航行九萬里來華，但楊光先卻從湯若望的地圖上看到從歐洲入華頂多也不過是繞地球半圈 (即四萬五千里)。他認為傳教士太誇張了，果如傳教士所言，西洋人「定當撐破天外矣」。

從現代人的角度來看，楊光先有趣的論證不值一哂，因為他對人類文明史上的地理大發現，一無所知。雖然傳教士也曾利用世界地圖說明他們的航程，但楊光先只管依著地圖，直觀地計算歐洲到中國的距離。他對地圓說的其他批評也都是依據直觀經驗而來，對楊氏而言，時差的問題根本無法驗證，因為一個人無法同時在兩個不同的地方出現。里差的現象雖然較易觀察到，但他根本否認了傳教士繞行地球一周，東行來華的可能性。至於楊光先所提出的棘手問題，地球上的人何以不會傾側，及海水何以不會溢出，對於不是活在四行世界觀的人來說，殊不可解。因此，對楊光先而言，傳教士對於地圓的解釋完全沒有效力，二者存在著無法跨越的鴻溝。

楊光先倒是可以承認利瑪竇早先提出來「天圓地方」指的是天地之德，但楊氏對此也有相當不同的解讀。和傳教士相同，楊光先亦同意地是不動的，但楊氏的論斷卻是在傳統陰陽與氣的宇宙觀下所得的結論。據此，地只可能是方，而不能為圓。利瑪竇以地德為方說明地不動，和形無關；楊光先卻將之指實，認為只有方的地，才能有靜之德。從傳統的宇宙觀看來，楊光先並沒有錯。

除了曆算上的理由外，楊光先還從中國文化優位的角度批判地圓說。根據楊光先的世界觀，中國在天地之中，但其在地圖上的呈現，不但不在其位，反而在西洋人的反位。西洋人顛覆中夏的意圖，即表現在地圖上：西洋人將中國人踹於腳下。這樣的論證形式，和他指控湯若望在榮親王葬禮上，錯用風水如出一轍。楊光先相當精通風水，在他任職欽天監期間，還曾為在京的歙縣會館改過門的方向。因此，他便以自己熟知的知識系統解讀湯若望的世界地圖。

曾為《表度說》作序的熊明遇也曾以傳教士的世界地圖，討論中國在新世界觀中的地位。他說中國處於赤道北二十度起至四十四度之間，距日不甚遠，又復資其溫暖，稟氣中和，所以詩書禮樂，聖賢豪傑輩出，成為四裔來朝的對象。至於西方人所處的緯度與中國同，其人亦無不喜讀書，知曆理。至於不同緯度，便成為回回諸國，忿鷙好殺。熊氏從世界地圖中以一種類似地理決定論的方式，來論斷世界上不同種族的優劣。對熊明遇而言，西方的世界地圖只是再度證明了中國的優越位置：中國之所以成為禮樂之邦，已決定於她的地理位置，但他仍對於處於同緯度的西洋人保有敬意。然而楊光先讀出來的卻是完全不同的訊息，中國和西方正在相對方位，西洋人意圖危害中國。

楊光先視西洋人為「非我族類」的心態，清楚地表達在他對地圓的反駁，使得一個原本是科學的問題，和人群間的分類、與對他者的看法糾纏不清。但是在一個沒有四行哲學背景的國度，又沒有現代引力的概念，楊光先的質疑並非完全沒有道理。因而，這成為一場沒有交集的對話。西方傳教士所知道的知識範疇，無法為當時的中國人所接受；而中國人認為合理的質疑，傳教士卻無法回答。

楊光先對耶穌會士的指控，隨著楊光先的勝利而暫時落幕。楊氏隨即接替了湯若望在欽天監的位置。雖然楊光先精於數術風水，但卻無法掌握曆法。對他而言，欽天監監正的位置是個難以承受的重擔。康熙在親政不久後，便插手曆法的問題，耶穌會士南懷仁便藉此機會重登政治舞臺。康熙八年，楊光先在一連串的測驗失利後，黯然下臺，死於返鄉途中。

南懷仁重掌欽天監後，隨即寫了《不得已辨》，對曆獄時楊光先所提出的指控逐一辨駁。由於楊光先以叛逆的罪名控告傳教士，此舉大大地傷害了傳教士的誠信。在罪名洗清之後，南懷仁當然要先澄清自己的清白，重建他人對傳教士的觀感。因此，《不得已辨》一書便是這樣開頭：

> 懷仁，遠西鄙儒，靜修學道，口不言人短長。若事關國家億萬年之大典，則不禁娓娓焉，諍而白之。

這段話其實改寫自南懷仁奉令審察楊光先所編之民曆時的奏疏。南懷仁很清楚，在面對皇帝時，他和楊光先所爭的不只是曆法的理論問題而已，而是哪個人能較可靠地使曆法運作。皇帝的信任與否，絕對是成敗的關鍵。既然當時康熙已對楊光先的能力起疑，那麼楊光先所能提出的知識，必然也被皇帝打了折扣。南懷仁的策略是先聲稱自己是個不重現世利益的求道者，只有在為國服務時才不得不告白。南懷仁以這樣的面貌出現，無非是要取信於讀者，以加強他反駁楊光先時的說服力。

南懷仁在《不得已辨》中對於地圓問題的答覆並無

新意，不過是重申前人已列舉的理由，甚至書中的圖像說明也和《表度說》相同。南懷仁支持地圓的主要理由有：一、月蝕時，大地的投影為弧形。二、東、西方月蝕時刻不同。三、人愈居北，所見北極在地平上愈高，反之則愈低。對於地形不平，何能為圓？南懷仁則答以山谷之度數與大地的弧度相比甚小。對於人在平地上眼睛所見何以為平面？南懷仁仍以地球廣大之故回答。至於海水附地球，何以不溢出？南懷仁仍是以四行說中重物天性就下來回答。事實上，我們也很難期望南懷仁對於地圓的問題，提出新的答案。南懷仁的答案，已是當時西洋人認為是事實的全部。事實只能信服，沒有什麼可再討論。然而對於活在傳統文化中的士人，地圓即使正確，但如何來理解它，仍是一個問題。

李光地（1642–1718 年）和南懷仁在曆獄結束後不久的一段對談，便明顯地指出傳統士人仍很難掌握地圓的概念。康熙十一年（1672年），南懷仁告訴李光地，天圓地方是錯的，中國也不在世界之中。南懷仁引用渾天說，謂地如卵黃，既如卵黃，當然不是方形。地既為圓，那麼地球的中間應當在赤道之下，他並說自己曾親到此處，以證明自己所言不虛。（圖 19）李光地卻回答：「天地的形狀無關方圓，也無關動靜。因為動的東西，其機竅必然是圓的；而靜的東西，其根本必是方的。因此，

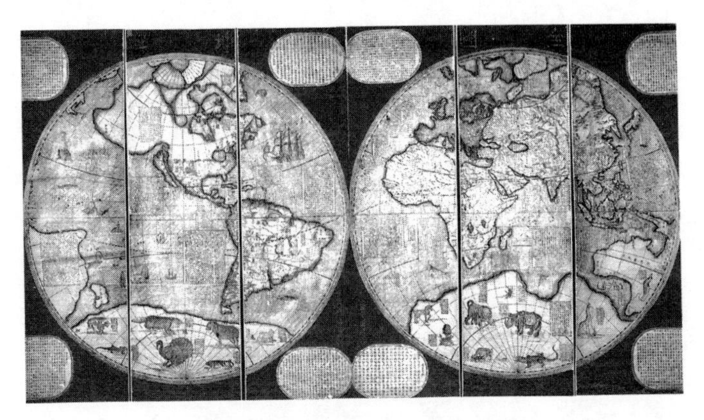

圖 19　南懷仁所繪的世界地圖

即便是天不圓，並不妨礙圓形之所以為圓形；地雖不方，也不妨礙方之所以為方形。況且所謂中國，乃謂其禮樂政教得天地之正理，不必指在世界之中。就像心在人身上的位置，雖不如肚臍正在人身的中央，但我們乃以心為人之中，主要因為它的功能最重要，而不是它的位置。」我們不知道南懷仁到底如何看待李光地的回答，但顯然李是站在傳統的宇宙觀中來思考這個問題。地是否為圓形，對他而言根本不重要。重要的是天地和方圓的象徵意涵；就像中國的優越性，亦不在其是否位居天下之中，而在其禮樂政教之盛。李光地的回答，顯示出當時士人幾乎無法理解地圓的意蘊，更不必說傳教士對地圓的解釋了。

新典範的形成與歷史記憶的重構

對傳教士而言，地圓的事實建立在許多其他的事實和理論之上，如時差、月蝕成因、地理大發現和四行等。這些概念早已是西洋人所熟知的常識和認知世界的基本架構。然而對於不熟悉這些背景知識的中國人，楊光先的質疑仍然需要解答。以往中國文明的優越性不容置疑，但現在卻必須在西方的世界地圖上重新定位。尤其在楊光先失敗後，滿洲皇帝已承認新法的正統地位，這無異是宣稱西洋曆法的確較為優異。新法既成為正統，逼得中國的曆算家再也無法迴避新法和中國曆算傳統之間的關係。更何況許多中國的曆算家，在學習新法之後，也發現新法的數表、計算工具乃至儀器都有過人之處。然而，在中國傳統的曆算文化中，曆法源於古聖，用在敬授民時。承認了西洋曆法的優越性，如何安置制曆古聖的地位，便成了一個必須回答的問題。如此一來，曆法不再只是純粹知識上的問題，而是如何在新的世界觀中，看待中國的文化傳統。楊光先所提出的問題，從質疑地圓的可靠性，到如何看待華夏的地位，乃至誰應當掌握曆法知識（是西洋專家或是儒士），這無異在問：什麼是合理的天朝秩序。他的問題，在現代人看起來也許可笑，但卻是後來曆算家必須思考的問題。十七、十八世紀的曆算家，畢竟和形同與世隔絕，待在學術機構或實驗室的現代科學家不同。現代科學家可以專業的理由，拒絕在其專業領域中談論乃至思考現實世界秩序的問題，以更凸顯其專業性格；但十七、十八世紀許多考證學家兼研曆算，他們都是有科名、有社會地位的儒士。身為文化的承載者，與社會秩序的中堅，卻服務於一個以西洋曆法為正統的滿人朝廷，曆法的社會與政治意涵到底是什麼，成為他們不斷思索的問題。

回到中國的曆算歷史中找解答是關心曆算士人們的答案：重新解讀以往的曆算典籍，以挽合西洋曆算中的知識和古聖先王流傳下來的曆法文化。在這個歷史記憶的重建工程中，梅文鼎（1633–1721 年）是關鍵人物，梅文鼎的孫子梅瑴成（1681–1763 年）則將梅文鼎的觀點在京城的考證學圈中大加宣揚。到了阮元（1764–1849 年）編輯《疇人傳》的十九世紀初葉，這一歷史記憶的再造工程已大致完成。直到清朝和儒家文化逐漸崩潰以前，有關外國和中國的關係，大致都在相同的思考模式中求解，地圓說不過是這個大文化論述下的一個小問題。

梅文鼎是清人公認最傑出的曆算家。他來自安徽宣城，距離楊光先的家沒多遠。梅氏以《易》為家學，這是當時一般人在考科舉時，最常選的經書。他的父親、老師和許多朋友都是明朝的遺民。在楊光先還沒對傳教士發起全面攻擊前，梅文鼎已在思索中、西曆算的關係。當時他仍相信中法仍有復興之望，並提出了以發掘和考證古算書的研究方案。直到中年，他逐漸接觸到西洋曆算後，西方的幾何學曆算模式才成為他研究的重心。然而梅文鼎並沒有完全被西方的曆算學所震懾，反而發展出他自己的研究課題：修正西洋人的宇宙圖式和數學中的錯誤。他雖然曾在當塾師時傳授曆算給他的生徒，但曆算畢竟不是科舉之途。他雖曾參與修《明史・曆志》，也曾在京師和李光地結緣，甚至到康熙皇帝的哥哥家中任教。但他傳燈的心願，一直難了。在一個以科舉為利祿之途的社會，沒什麼人願意來和他學習困難的曆算；甚至他要刊刻他自己的全集都有困難。然而幸運之神終於在他垂暮之年眷顧他。經由李光地的仲介，梅文鼎和康熙皇帝在 1705 年見了面，並一連談了三天有關曆算的問題。康熙對於梅文鼎印象深刻，但由於文鼎老邁年高，康熙並未授與他一官半職。倒是他的孫子梅瑴成很快地被召入宮中，參與曆算書籍的編纂。自此以後，曆算成了梅家的新家學。

梅文鼎同意地圓的確是西洋測算的基礎，在他為李光地所寫的曆算入門書《曆學疑問》中，便以南北有里差來證明地圓。對於楊光先所提出海水會溢出地面及人在球面上如何站立的問題，梅文鼎回答如下：水性就下，而四面皆天，地居中央，因而處於最下方，水因而附地而流。至於人在球體上站立的問題，他認為各地緯度不一，遙看皆成斜立。

> 若自京師而觀瓊海，其人立處皆當傾跌。而今不然，豈非首戴皆天，足履皆地，初無攲側，不憂環立歟？

梅文鼎的回答比傳教士以四行說來解說地圓還更模糊。有關海水溢出地面，他只能以水性就下，而地在最下，故水附於地。至於人如何在球面上站立，他更是無法回答，索性以經驗上並未看到人傾側，來否定弧度上的人皆應傾倒。他隨即又以人之所戴即天頂，來合理化人不倚側的經驗現象。這和利瑪竇以人首所頂、人足所立來定義上下是一樣的。為了取信於人，梅文鼎隨之又徵引了《大戴禮》、《內經》、邵雍、程頤（1033–1107 年）以及《元史・天文志》的說法，以明地圓之說古已有之。梅文鼎的說法清楚地使我們看到，傳教士的四行說對於中國士人而言並不是一種文化資源。雖然中國人曾由佛教中得知地、水、火、風四大，但卻不曾有類似亞里斯多德以四行來解釋月下世界變化的理論。一般的中國士人既無法理解這些概念，自然無法使用四行來解釋地圓。梅文鼎只得從傳統的文化資源中，引用古籍，以為地圓說提供當時人能理解的解釋。

梅文鼎這種比附古典的做法並不稀奇。耶穌會士從中國古籍證明「天主」乃中國古人所謂的「上帝」，早已為人所熟知。利瑪竇在介紹他的世界地圖時和為其地圖題辭者，也早用過這個技法。熊明遇的《格致草》也徵引古代文獻，考信傳教士傳入中國的自然知識。然而作為曆算家的梅文鼎當然也認識到西洋曆算之所以優異，不在於它有地圓之說，而是環繞著地圓說，西洋人發展出一套測算方法和儀器。根據梅文鼎的說法，這套測算方法和儀器原存於《周髀》。自此以後，地圓之說出自《周髀》幾乎已成為標準答案。1709 年，康熙與曾受學於梅文鼎的陳厚耀（1648–1722 年）會面時，曾試其曆算，問陳地圓出自何書，陳即以《周髀》答。

雖然在《曆學疑問》中，梅文鼎已注意到《周髀》和儀器的關係，但較詳細的討論則見於《曆學疑問補》中。梅文鼎首先重申在趙爽注《周髀》時便已提及三個和地圓有關的現象：一、北極之下有半年白天，半年黑夜。二、北方日中，南方夜半。東方日中，西方夜半。三、地球不但有寒暑的變化，而且北極之冰終年不釋，中衡左右有不死之草。至於為何《周髀》只提到北極？這是因為中國的聖人只統治北邊。他因而總結道：《周髀》雖未言地圓，地圓之理早已有之。至於《周髀》的儀器則存於西洋的「渾蓋通憲」(即星盤)。梅文鼎考定所謂「渾蓋通憲」即元代札馬魯丁所製的「兀速都兒剌不定」，而利瑪竇之所以不直言，乃因蓋天之學久絕，驟然舉之，人必不信。「渾蓋通憲」的特點在於「以平寫渾」，是一種以投影的方式來表達渾天的裝置。此外，梅文鼎尚「考出」西人的簡平儀，也是蓋天遺法，與簡平儀相關的割圓八線（即三角函數）因而也是古已有之。經由梅文鼎的詮釋，傳統相互矛盾的渾、蓋宇宙觀合而為一，只是一為全形，一為半形投影。梅文鼎對文獻的新詮，融入西洋儀器和算法，從而加強了他的說服力。

但梅文鼎對渾、蓋的說法，亦非新說。徐光啟早已指出《周髀》中有地圓之理，李之藻說得更仔細。在《渾蓋通憲圖說》中，李之藻開宗明義地說：「渾天儀雖然最像天體模型，但從中橫截，便是蓋天。渾天是立體模型，而蓋天則是平面投影模型。」李之藻說天只有一個，對天的正詮當然也只有一種。但李氏不在渾、蓋二者選擇其一，反倒因為二者皆無法和西方儀器完全吻合，而使他將兩種理論合為一體，完全無視於渾、蓋之爭的歷史軌跡。

中國傳統的宇宙論，因地圓與儀器的輸入，而被混同為一；李之藻、徐光啟和梅文鼎也因而為《周髀》重新建構了一套新的歷史。李之藻認為蓋天說肇自黃帝，《周髀》即是這一傳統的實錄，只是後來失傳，後世鮮有人學習。梅文鼎也認為《周髀》所述及周公受學商高，雖其說非無所本，可惜殘缺不詳，而今有歐邏巴實測之學輸入，與《周髀》之說相應，正可印證古聖人制作之精神。不但如此，梅文鼎甚至還構設出一套完整中學西傳的歷史過程。在這樣的詮釋下，西學的輸入，只是印證了古學。傳教士自認為新的西方曆算，至此全部被翻轉為舊學。如此對曆算史的重構，使西學被納入一個可為士人所接納的文化歷史框架。

梅文鼎自然也沒忘記楊光先的另一個質疑：如果接受了地圓，如何在新的世界觀中為中國文化傳統定位？梅文鼎認為中國位於地球的「面部」，因而文化高於其他地區。他並具體舉了三個例證，以明中土之優越：一、中國首重五倫之教。二、語言唯中土為順，佛語、歐邏巴和日本，語言皆倒。三、他自己也聽過西方人承認，中國文明是他們所經歷的國家中，衣冠文物最盛者。梅文鼎的論證和前引熊明遇的說法相類。不同的是，熊明遇以緯度來談明朝的優越性，並承認和中國同一緯度的歐洲地區，也可以有一樣的文化成就。熊明遇的看法可能來自傳教士，《寰有詮》謂：

天主初所造，以居初人之地，必在中帶。

但梅文鼎卻回到傳統的感應思想，將大地與人身比附，而賦與居於地球面部的中國較優越的地位。這和李光地認為中國在世界上的位置，可以比擬為人身的心臟，倒是有異曲同功之趣。

梅文鼎對於中國曆算史的重構和中國文明的定位固然是他自得之見，然而他晚年對這些觀點重新整理寫成《曆學疑問補》，則是在相當特殊的政治脈絡下完成。當梅文鼎和康熙會面時，他們討論的內容雖不得而知，但從梅文鼎的賦詩及《曆學疑問補》的第一問，大體可以推知他們討論的是中、西曆算的關係。雖然這個問題或許比不上康熙每日所面臨的皇朝大政，卻是康熙親政之始便已憂心忡忡。自楊光先一案後，中、西曆算之爭的陰影始終留在他心中。為了要能判斷曆法的優劣，康熙在曆獄之後便從西洋教士學習曆算。

由於康熙接受的是傳教士所教授的曆算學，他對曆算的態度自然也偏向西洋人。即如地圓一說，他便相信這是西洋人的創舉。他說雖然古代中國人論曆法，有其長處，但總未言及地球。自西洋人至中國，才開始有這樣的說法，而且和曆法相合。他並以黑龍江之地舉證。黑龍江以北的地方，日落後亦不甚暗。沒多久，日即出。這是因為地乃圓形，故近北極之地，太陽與地平遮掩不多的緣故。有趣的是他雖承認地圓是西洋人傳進來的，卻又曖昧地說：

> 可見朱子論地則比之卵黃，皆因格物，理中得之，後人想不到，至理也。

康熙承認西方曆算的優越性，但又將其起源引回到中國。在他的〈三角形推算法論〉一文中說：「雖然自入清以來，論古、今曆法之差異的人很多，但這些人皆不知曆法源出自中國，而傳至西方，只不過西洋人謹守著這些術法，且不斷測量，時時改曆，所以較為精密。」康熙以西洋曆算較優，為他採行西法的理據；以西方曆算源於中國來防堵像楊光先般的人對西方曆法的疑慮。身為一位滿洲皇帝，康熙便以這樣巧妙的政治手腕來處理曆法的問題。

然而康熙與西方傳教士的蜜月期在康熙晚年後逐漸變質，尤其是「禮儀之爭」，使得康熙明白即使這些外國傳教士雖入華多年，卻仍心向羅馬教皇。在這個新的情境下，康熙開始培養自己的曆算班底、開放曆算知識給中國士人，也使得一生不得意的梅文鼎在晚年得到皇帝的青睞，「西學中源」說因而也成為康熙這位滿洲皇帝和梅文鼎這位漢人曆算家對於西洋曆算的一致態度。

梅文鼎和康熙皇帝的會面大大提升了梅文鼎的地位。錢大昕（1728–1804年）稱梅氏的算學為「國朝第一」；甚至清末的幼學教科書亦認為梅文鼎是清朝最偉大的曆算家。在清人的歷史記憶中，因為梅文鼎和康熙皇帝的直接繫連，而成為曆算方面最重要的發言人。康熙皇帝對梅文鼎的讚賞，轉化為對梅文鼎的孫子梅瑴成的庇蔭。康熙請梅瑴成到宮中參與編纂《曆象考成》等書，嗣後梅瑴成未經科舉而成進士，都在在顯示了康熙對梅氏子孫曆算成就的肯定。有了皇帝的保證，梅文鼎成了評斷中、西曆算問題上高度可信的人，再加上他的孫子在康、雍、乾三朝中的地位，將梅文鼎對曆算的信念，以及他對曆算史的重構，傳遞給新一代的考證學者。

考證氛圍下的地圓爭議

明末以來的西方曆算知識，經由《曆象考成》和梅文鼎的著作，成為乾、嘉考證學者的共同遺產，而西方曆算的滲透效果則可從筆記小說中略窺端倪。紀昀（1724–1805 年）在一條談鬼的筆記中俏皮地寫到：人死以後，魂當隸屬於冥籍。但是地球圓九萬里，直徑三萬里，其中國土不可以數計，而各樣人種則當百倍於中國，因而其鬼亦當百倍於中國。為何世上說去遊歷冥司的人，所看到的皆中國鬼，而無洋鬼？還是各國有各國的閻羅王在管這些不同國籍的鬼？雖然紀昀並非討論地理或曆算知識，但在他的敘述中，已視「地球圓九萬里」為理所當然的「事實」。

紀昀在另一段筆記中又藉著法南墅和一位不知名道士間的對話，進一步澄清地圓的事實，道士謂：「天橢圓如雞卵，地渾圓如彈丸。天之東西遠而上下近，共有九層，日月五星各佔一層，隨大氣旋轉。至於大地則渾圓，沒有一定的頂點，凡是人站立處，皆可視為頂點。人望著湖海，天水相合處，亦合於圓形，這便是水隨地形，中間高中四面低之證。至於人在日出地平時所見的是太陽的影子，並非是真的太陽。是天上之日影隔著水所映出，並非太陽從海中冒出。儒家學者曾見此種景象，因此以為天包著水，而水浮於地，太陽便出入於水中；而不知日其實附著在天上，而水則附在地上。佛家學者未曾見過此種景象，而以須彌山四旁為四個大州，太陽環繞此山而行。走往南則是白天，往北則是夜晚；往東則黃昏，往西則為清晨。（圖 20）太陽只是常繞山旋轉，不落入地平線以下。從我們眼中所見，這兩派的學者都錯了。」法南墅聽完後雖欲再辨駁，道士卻已預期到

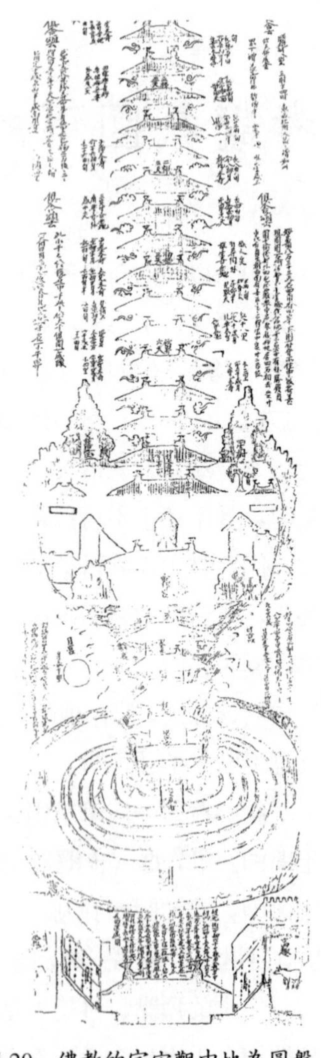

圖 20　佛教的宇宙觀中地為圓盤

法南墅可能的說辭，搶著說道:「你是不是要說若地為九萬里的圓球，則人只能正立，不能倒立? 若你想以楊光先的老說詞苦苦與我辯難，那不如算了吧。」在這段對話中，楊光先已儼然成為反對地圓的代表，而楊所持的理由，則成為當時人反對地圓的共同理由。

然而紀昀雖然贊成地圓說，但他絕非西方傳教士的支持者。他批評西學專於器數之末流；所窮之理，又支離怪誕，根本就是異端。也許這正是為什麼前引與法南墅對話的人，不是一位西洋人而是一位道士。在佛教徒與像楊光先一般的儒者，都無法理解地圓，而紀昀又不願承認西洋知識優越性的情況下，在敘述中搬出土產的道士，似乎成為合理的選擇，也象徵著地圓的知識可以是土生土長。這樣的故事情節，也彷彿配合著正在擴散中的「西學中源」說。

紀昀這幾條筆記顯示出，居於正統的西洋曆算已慢慢滲透到日常生活中。這種宇宙觀的改變，可從當時的小說中看出。《西遊記》中的天仍以佛教的三十三天與道教的三十三宮為主，但到了成書於道光年間的《兒女英雄傳》中，天有了縱、橫兩軸，縱的是西方的九重天，而橫的仍是三十三天。不過雖然西方曆算入華已過百年，其與天主教的關聯，仍為當時士人所疑忌。這點清楚地表達在《四庫全書總目提要》中:

> 西學所長，在於測算；其短則在於崇奉天主，以炫惑人心。……欲人舍其父母而以天主為至親，後其君長而以傳天主之教者執國命；悖亂綱常，莫斯為甚，豈可行於中國者哉？

身為《四庫全書》總纂官的紀昀一手刪訂《四庫全書總目》，也難怪該書的立場與他的筆記如出一轍。雖然紀昀在《四庫全書總目》的編纂過程中扮演了重要的角色，但這樣大部頭的書，乃集眾人之力而成，且書中的「節取其技能，禁傳其學術」的觀點又如此一致，因而《四庫全書總目》的論調，反映了當時能接觸到西學部分士人的集體觀點。

事實上在《四庫全書》未開館前，紀昀身旁便廲集了一群著名的考證學者，其中最著名的要算是戴震（1723–1777 年）和錢大昕。乾隆十九年（1754 年），戴震因爭風水，引發訴訟，逃離他的家鄉休寧，狼狽地抵達北京。錢大昕和戴震見面之後，對他的學識相當欣賞，並將戴震介紹給正在編《五禮通考》的秦蕙田（1702–1764 年），戴震因而與許多當時在京的著名考證學者相識。次年，紀昀為戴震出版《考工記圖注》，這段因緣為日後戴震參與《四庫全書》的編纂埋下伏筆。

錢大昕早年曾研究過曆算，也是楊光先的同情者，後來在京時更和何國宗（?–1766 年）一起討論梅文鼎的作品。也因此機緣，其後蔣友仁（Michel Benoist, 1715–1774 年）譯《地球圖說》，將克卜勒的橢圓軌道理論傳入時，錢大昕還為此書潤色。何國宗和梅瑴成是雍正、乾隆兩朝中在曆算方面最重要的漢人官僚，兩人過從甚密，而且曾合作過編纂曆算方面的書籍。何國宗來自一個曆算世家，其父曾與傳教士爭取過欽天監中「治理曆法」的重要位置，是個中法派的人物。何國宗本人曆算根柢不差，也曾兼代過欽天監事務。他和梅瑴成都是梅文鼎「西學中源」說的忠實信徒與提倡者。在這樣的學術氣氛下，錢大昕對曆算的看法和他們相去不遠。錢大昕的觀點在一封給戴震的信中表現得很清楚。在這封給戴震的信中，錢氏批評江永（1681–1762 年）過信西法，為西人所愚，並盛讚梅氏祖孫的成就。江永是乾、嘉時期少數公然讚揚西法的學者。他同時也是梅文鼎的崇拜者，因而寫了《翼梅》一書，來支持與修正梅文鼎的一些說法。但沒想到他在北京與梅瑴成見面時，梅卻責備他數典忘祖。戴震剛到北京去時宣揚其師江永的學問，但卻因而遭到與梅瑴成同道的錢大昕指責。雖然我們不知戴震如何回應錢大昕的信，但錢大昕的觀點對戴震似乎頗有影響，才會促成日後戴震將考證學與西學融為一爐，重鑄傳統曆算辭彙，使西方的概念，看起來像中國古已有之，這也使戴震的曆算學有「西學中源」的味道。另外，戴震也是《四庫全書》天文算法類的重要纂修官，他對西方曆算的觀點形塑了《四庫全書總目提要》的天文算法類提要。透過梅瑴成和錢大昕、戴震等兩代學者的努力，梅文鼎的觀點，塑造了考證學圈對中國和西方曆算傳統的態度。

錢大昕的影響力尚不止此，他的弟子談泰是阮元編輯《疇人傳》時的得力助手。《疇人傳》可以算是中國第一部科學史，也是清代中期考證學圈的曆算學者對明末清初以來西方曆算的總結評價和對中國曆算傳統的重新檢討。該書對西學的觀點，和《四庫全書總目提要》中對西學的觀點如出一轍，是同一學術社群中，相同歷史意識下的作品。後來清代的學者不斷重編《疇人傳》，而許多考證學者也成為疇人傳統中人。

不僅梅文鼎所構設出來的曆算史，成為清代曆算家的主要歷史記憶；他對中西曆算的態度，也烙印在後來清代的曆算家心中。除了像「西學中源」一類的大觀點外，他對地圓的談法，也是其後曆算學者的共同遺產。著名的考證學者如江永、戴震都承認地圓之說，而梅文鼎的說法更是他們立論的重要依據。江永論地圓除了引用常為人知的里差、時差和月蝕為證外，還引了梅文鼎對地圓的論證，包括《周髀》已知地圓，及梅氏所曾徵引的古籍。重要的是，江永雖然心傾西學，但他還是引用了梅文鼎論中土優越的說法。對江永而言，梅文鼎的論證已解決了中國在新世界觀中的地位。即使中國的曆算傳統不如西方，並不因此折損中國文化的優越性。此外，他還引了《職方外紀》在地兩端打一通道，從兩頭擲石，則石停於地心的說法，以說明地球乃「大氣舉之」。江永引用《黃帝內經》以大氣舉地球的說法，解決了楊光先「地如為球，如何在虛空中安著」的質疑。這個論點，算是江永的創舉，但和西方四行說的原意相去甚遠。戴震對地圓的看法，也多襲自江永和梅文鼎。梅文鼎的看法，便在大家不斷援引下，在曆算家之間擴散，形成了清代曆算家對於傳統曆算史的獨特解釋。在這一歷史詮釋下，西方的曆算觀念，融入原來中國的曆算傳統，成為可被接受並可再發展的新典範。也由於這個特殊的歷史解釋，引領著新一代的曆算家，重新探求中國原來的曆算傳統。這一研究取向，從校刊古代的曆算典籍開始，到重探古曆算的問題，並將西算用在這種「考古」工作上，使得乾、嘉時期的曆算學沾滿了考證學的氣息。

考證學不但是一種學術型態，考證本身便是一種知識的表達方式。引經據典，歸納整理，從資料中建立自己的結論，是考證論述中的基本形式。在考證學者的心目中，典籍中的證據，遠較其他證據更有分量。例如雷學淇在他的《古經天象考》中討論天圜時，他所引用的雖然是西方的九重天模式，但卻重在古書中的記載如何與之相應。即使連同情楊光先，反對西人的夏炘（1789–1871 年），也相信天有九重，因為九重天說見於《楚辭》，於古有徵。其實九層天的說法乃傳教士最早傳來的宇宙觀，其時歐洲正經歷一場科學革命，亞里斯多德九層水晶天的宇宙圖像，正遭受史無前例的攻擊。其後像哥白尼、第谷（Tycho Brahe, 1546–1601 年）等也不斷地提出有關宇宙的新圖像；來華的傳教士也陸續將這些修正過的宇宙觀傳入中國。但有趣的是九重天的說法卻最廣為士人所知，主要便是因為古典中有「證據」。在考證學的氛圍中，知識的表達，必須合於考證的形式，地圓的爭議也不例外。

在考證學中有關大地形狀的爭議，要以孫星衍（1753–1818 年）和焦廷琥（1782–1821 年）的辯論最為有名。孫星衍寫了一篇名為〈釋方〉的文章，他的目標是辨駁地圓說之非，有趣的是這篇短文也顯示出當時有人將傳統中國宇宙觀中天地萬物間的聯繫建立在地圓之上，就好像孫星衍及傳統的宇宙觀中將天地萬物與天圓地方聯繫一樣。孫星衍說有些相信地圓的人，認為凡物形皆圓，人身體皆圓，無所謂方者，即使有些東西看起來像方形，如腳或方竹，其實亦類圓形。孫星衍在此攻擊的對象可能是像揭暄（1605–？年）《璇璣遺述》裡所陳述的地圓觀念。揭暄在一篇題為〈地圓〉的文章中，除了舉出傳教士所常用的理由以證地圓外，他甚至聲稱萬物幼時皆圓，長大以後才成為各種形狀，以說明地球之圓乃自然之理。孫氏對這樣的說法頗不以為然。他從傳統的宇宙觀出發，引證了《易》、《山海經》、《淮南子》、《周髀》、《大戴禮》、《文子》等，以說明地德必須為方，才能應萬物。最後並總結道：「方就是方，若模稜兩可，正是君子所最痛惡。自從地圓之說行於天下，天下人重圓而毀方；自歲差之說行，連計算天體運行都要精確到以分、秒為單位。只為了求小小的精度，而累倒賢才，實在是世風日下的象徵。」孫星衍的說法中，「地圓」與「地方」不只是曆算上的問題，也不僅是宇宙論之爭，而是社會秩序和道德的問題。孫氏曾「以楊光先之斥地圓，比孟子之距楊朱」。在孫星衍的心目中，西方曆算即使輸入已過百年，仍不可輕忽其顛覆傳統社會秩序之問題的力量。從他的說法中，我們也可以看出，所謂的「科學」問題，常常並非單純的科學知識或技術所能解決。這也正是何以在我們這個社會中，有些科學爭議，雖然雙方都抬出科學家，卻公說公有理，婆說婆有理。

焦廷琥在嘉慶二十年（1815 年）從朋友處得知孫星衍的〈釋方〉，對於孫氏的說法頗不以為然。有趣的是，焦廷琥並未從自然界中找地圓的證據以反駁孫星衍的說法，他反倒是引證了《黃帝內經》、《周髀》、《大戴禮》、《淮南子》及《晉書・天文志》中的諸家說法；經注中則取《尚書正義》、《書經集注》；理學家則取邵雍、張載、程頤、朱熹等宋代理學家的說法，以彰明地圓之說古已有之，「若謂西人所創，亦不考之甚矣」；至於西洋人的說法，焦氏則引了《乾坤體義》、《簡平儀說》、《表度說》、《天問略》、《職方外紀》、《地球圖說》，以闡明西洋人的說法古人都已談到了，只是西洋人的說法更加詳明而已。因此像孫星衍一樣，說西洋人「誤會古人的說法」也不對。

儘管焦廷琥對地圓的意見，在清代算是主流，但孫星衍和焦廷琥在後來續編《疇人傳》時，都成為疇人系譜中的一員。在今天科學史教科書的纂寫標準裡，孫星衍對於地圓的「錯誤」觀點便足以使他在科學史中除名。但在考證學的論述中，判別孰有能力討論地圓問題，不在於其觀點如何，而另有其他的標準。

在孫星衍與焦廷琥的論辯中，最值得注意的是二者關注的焦點並非地圓的現象在自然界如何表現，而在於古代文獻中如何討論大地的形狀。二人甚至還同引《大戴禮》中〈曾子天圓〉篇的證據，但卻賦予完全不同的解釋。儘管二人的論點南轅北轍，但在考證學的論述裡，存在於書中的證據才是裁定論證有效性的標準，只要能引經據典說明自己觀點的人，便是考證學圈中的合格成員。焦、孫二人的論辯顯示出，在考證學興起之後，地圓的論辯便深深地嵌入考證學的論述中。參與論辯的人，必須以考證的形式來表達地圓的論辯。

此外，不論孫星衍與焦廷琥認為中國古人所認知的大地究竟是圓還是方，重要的是兩人皆認為古人的論點正確。孫氏認為大地為方乃古聖先賢代代相傳之「事實」，見載於簿書，不過因西洋人誤讀古典，致生出地圓說之種種誤會；對於焦氏而言，地圓之說亦為古人所傳之「事實」，西人不過承襲而闡明之。不論西洋人是誤解或承襲，「事實」皆站在中國古聖先賢這一邊，並見載於文獻上。這樣的說法，顯然是在「西學中源」說下形成的。「西學中源」說成為考證學者討論地圓或曆算問題時所預設的「歷史事實」，並依據和這一「歷史事實」相關的文獻，來考據大地之形狀究竟為何。「西學中源」同時也是考證論述中討論地圓或曆算問題時的價值判斷：西洋人關於大地的「事實」知識源自中國，說明了中國在世界文明中較為優越的位置。

孫星衍與焦廷琥二人的論辯說明了在考證學興起後，有關地圓爭議的變化。在考證學的論述中，地圓的爭議必須藉由引經據典來表達；而「西學中源」則是地圓爭議的歷史標準和價值判斷。對於清代的士大夫而言，將地圓的爭議置於考證學的脈絡中，一直到清末沒有什麼太大的改變。稍晚於孫、焦二人的俞樾（1775–1840 年）雖自認在地理知識上高於前輩，並從緯書中重新建構了「蓋地論」（即地圓如蓋），且將他所徵引的資料擴大到類書與佛經，以明地圓之理，但他的論證方式仍未脫離考證學的藩籬。

另外，在《清史稿・天文志》中，引證了《黃帝內經》、《大戴禮》、邵雍、程頤、朱熹之說以明地圓之理，其論證方式也和焦廷琥沒有什麼差異。和《明史・曆志》相較，《清史稿・天文志》有關「西學中源」的說法也很類似。《明史・曆志》謂：「地圓之理，皆在《周髀》所預測的範圍之中。」雖然從明末到清末相去二百餘年，兩朝正史對於「西學中源」的談法竟然如出一轍。這是因為在《明史》複雜的編纂過程中，〈曆志〉的寫作最後落到梅瑴成身上。他將其承襲自祖父梅文鼎的歷史觀點，加諸明朝的改曆過程，並以此解釋西洋人在改曆過程中的地位；而《清史稿・天文志》中的陳述則代表了梅氏的歷史觀點，經過考證學的折射後所產生的影響。雖然同為「西學中源」，《清史稿・天文志》在民國初年民族主義興起的歷史脈絡中，重新肯定了「西學中源」和中國文化的優越位置。只是這個時候，西方近代科學挾著帝國主義的威勢，已然橫掃中國。《清史稿》中關於地圓的陳述，正為士大夫討論科學問題的方式和時代劃下句點。

尾　聲

本書追溯了從明末到清中葉地圓說傳入中國的歷程，並試圖呈現出不同時期，地圓爭議如何因不同的結構性因素和其中各種不同勢力間的較量而顯示出不同的風貌。在利瑪竇初入中國時，地圓的問題以地圖的方式呈現。利氏以世界地圖介紹自身所處的世界，也為當時士人引入一個新的世界觀中，但當時多數的士人卻將世界地圖視為像鄒衍的瀛海九州和《山海經》一類的奇聞。對於傳教士而言，天地萬物的終極原因都必須歸諸上帝，而大地之圓乃上帝之傑作。就信仰而言，傳教士即因地圓和上帝之關連，自須將地圓的談法引入中國，並以之證明基督宗教 (Christianity) 的正確與神聖。但在引介陌生的地圓說時，利瑪竇也不忘引經據典，以減少士人的疑慮，並將自己形塑為一個可靠的知識傳遞者。在士人玩賞的心態下，與利氏精巧的裝扮下，地圓說並未引起太多的爭議。但其後當傳教士逐漸以改曆進入朝廷後，地圓爭議的風險便逐漸升高。傳教士將地圓當成曆算中的一個基本假設，並試圖在這個假設上引入西洋的計算工具和儀器。這主要是西洋傳統的幾何天文學模式使然，他們如果不採取這樣的輸入策略，他們便無法在有效的時程內建立一套可靠的曆法。但這場爭議最後卻以楊光先和傳教士間的惡鬥收場，雙方爭議的重點不在計算與儀器使用的層次上，而是更根本地爭論地圓到底能不能成立。在這一場爭議中，楊光先採行的手段是直觀地否認地圓成立的可能。對於不熟悉亞里斯多德四行說的中國士人，像人如何在地球上直立，不但直觀上不可能，理論上也難以解釋。其次，在雙方交手的過程中，地圓已不僅是一個地理或曆法知識上的問題，也同時涉及了知識傳播者究竟可信度如何，以及中國在新的世界觀中如何定位的問題。爭議地圓戰線的延伸，顯示出知識的社會存在即是人們生活世界中的一部分。對於知識的爭議，即蘊涵了如何建立合理社會秩序的關懷。

地圓的爭議在楊光先時達到最高峰，因為在宮廷中，曆法要如何設定必須立刻有解答。宮廷成為戰場，而交手的雙方必須分出勝負。交手的結果，傳教士獲得了勝利；隨著傳教士的勝利，西洋曆算在滿洲朝廷中成為正統。這個新的結構性因素使得關心曆算的中國士人，不得不正視西洋曆算，並處理西洋曆算的社會意涵。在這個過程中，梅文鼎扮演了最重要的角色。他將曆算定位為純技術問題，並重新建構中國曆算史，使得西洋曆算成為中法的衍流。這種「西學中源」的談法，使得西洋曆算成為中國曆算傳統的一部分，而較能為當時人所接受。在這個大的談法中，梅文鼎引證了中國古籍，以明地圓說古已有之，並以傳統中國感應的宇宙觀收攝地圓說，認為中國在地球的面部，為精華之所聚，文化最高。梅文鼎的說法為由滿人統治的中國在新的世界觀中尋得定位，去除了西洋曆算和西教之間的勾連。

梅文鼎的說法最後為康熙皇帝收編。雖然康熙始終承認西方曆算的優越性，但身為統治中國的滿人皇帝，他不得不顧及如何合理化他採用西方曆算的事實。再加上傳教士因「禮儀問題」，而爭議不斷，更使得康熙懷疑傳教士的忠誠度。因此，他徵召梅文鼎的孫子梅瑴成入宮，和傳教士一起編纂大部頭的《曆象考成》，修訂西洋曆算知識，融會中國曆算傳統，並將之公開給中國士人。而書中作為聯繫中、西曆算的理論架構則是「西學中源」說。梅瑴成也因為這個機緣，成為梅文鼎的繼承人，並將梅文鼎的曆算觀點傳給在考證學氛圍中成長的新一代曆算家。

梅文鼎在皇帝的認可下，被視為可信度高的知識傳播者，而大部分清代的曆算家也都同意地是圓的。當西方曆算學已成為他們研究曆算的主要工具時，他們別無選擇，只能接受地圓的說法。儘管他們以西算研究古算，但中、西曆算再也無法清楚區分，西方的曆算傳統已成為中國的一部分。即便如此，不信地圓者，仍大有人在。一位曾向梅文鼎請益的張雍敬，贊同梅文鼎的多數觀點，獨獨在地圓一項無法達成共識。顯然，地圓說所帶來的文化震撼，仍無法為一般人所接受。

清中葉以後有關地圓的爭議，以孫星衍和焦廷琥之間的論辯最著名。和楊光先與傳教士之間的爭議不同的是，這場爭議考證意味十足，但並沒有進一步地分出勝負。相信地圓者仍自相信，不信地圓者，仍舊活在自己的世界中。這主要是因為這些兼研曆算的儒士，其曆算工作不在朝廷的體制內進行。任職於欽天監的官吏，必須從自己所主張的觀點，從事實際制曆的工作，其工作成果立刻受到評判；以儒士身分為主的曆算家則否，不論其主張為何，都不過是一種意見，不論這種意見能否實踐，對於這些士人的生涯或朝廷都沒有太大的影響。這一結構性的因素，使得地圓說在一種信者自信，不信者自不信的情況下流傳。大體而言，對於真正實地操作運算的人，大致都能接受地圓的想法。但不從事計算、或不使用西方計算工具或儀器的人，天圓地方的傳統世界觀，仍是一般士大夫從古典中最容易接觸到的觀念。至於一般的民眾，可能根本不知道這些爭議，也不關心。畢竟在日常生活中，地是圓是方，根本無關緊要。例如在周作人（1885–1967 年）的回憶錄中記載著一位教漢文的老夫子謂：

> 地球有兩個，一個自動，一個被動；一個叫東半球，一個叫西半球。

似乎到了清末，對於地球為何，恐怕多數人仍不甚了了。

地圓說雖然為一部分士人所接受，但他們所接受的地圓觀念與傳教士所理解的地圓說，已有一段差距。傳教士的地圓說奠基在亞里斯多德四行說的基礎上；但中國士人所理解的地圓說卻是在「西學中源」說的經典傳統中被確認。不論在西方或是中國，地圓說從來就不是關於物理大地的單獨陳述，它總是和其他的陳述互相撐持，形成一組意義的網絡，使得地圓的現象可以被理解，並在某一文化傳統中獲得合法性。雖然西方的儀器和算法，提供了雙方就地圓觀念局部溝通的可能性，但許多無法在中國文化脈絡中成立的陳述則必須在中國的文化脈絡中重構，以使地圓說取得合法性。在這個意義下，中國人所理解的地圓說，已不復是西方的地圓說。光從觀念的移轉去考察跨文化的科技傳播，通常只是讓人看到不同文化之間的誤會；只有考察當時人如何在其歷史文化結構和物質環境（如儀器和算法）中，具體實踐和操作來自異文化的觀念，使局部溝通成為可能，並為該觀念取得合法性，才能使我們理解跨文化知識傳播的複雜過程。

不論是贊成或反對地圓說，當時的士人們都意識到了一個新的問題：以中國為中心的天朝秩序已受到挑戰。這次的挑戰者不是在漢人眼中質樸無文的北方蠻夷，而是來自海上，擁有漢人前所未知的知識和文明的西洋人。面對西方傳教士，當時的士人不但需要為中國在新的世界觀中定位，也需要護衛天朝秩序賴以奠基的文化傳統。贊成地圓說的士人，以傳統感應的宇宙觀說明中國在地球上的特殊位置，並以「西學中源」說為制訂曆法的聖人傳統辯護；反對地圓說者，認為伴隨著地圓說而來的西方宇宙觀，終將顛覆天朝秩序，因此他們不但堅持夷夏之防，而且強調中國在世界的中心位置不能改變。這樣的說法，從楊光先到清末的宋育仁（1857–1931 年）、葉德輝（1864–1927 年）一脈相承。即使到了清末，新的西方科學知識再度傳入，也未能改變這些士人的想法。從這個角度看來，明末以降，關於地圓說的科學論述，也是關於中國傳統及其地位的文化論述。地圓的爭議，已為中國進入現代世界揭開了序幕。

然而在我們這個時代，地圓說畢竟贏得了最後的勝利。但這不是因為真理必然戰勝愚昧，更不是因為相信地圓說者成功地說服了不相信的人，而是因為相信天圓地方的那個世代，都已逐漸死去。隨著這一代過去的是一個仰賴儒士為社會中堅、以儒學為主流價值的舊中國。這一代的士人仍可以在「天圓地方」的宇宙觀內思考自然、文化和社會秩序的問題。但隨著清王朝的崩潰，和對傳統文化的質疑，新一代知識人的主流價值是科學，而新建立的國家也不再仰賴儒家士大夫的服務。傳統的知識傳遞者與文化的傳承者，在性質上有了很大的變化，連知識傳遞的方式和內容也有了很大的不同：新式教育的普及，把被視為是科學事實的地圓，經由教育、書籍、衛星圖片與電視傳給了新的一代。在這一結構性的文化變遷中，地球是圓的，逐漸成了新一代中國人的常識。只有像強強這般尚未接受成人世界固定觀念的小孩，還會天真地問：

地球真是圓的嗎？

參考書目

傳統文獻

《周髀算經》，收入：錢寶琮主編《算經十書》，北京：中華書局，1963 年。

《明史》（中央研究院電子文獻資料庫版）。

《清史稿》（中央研究院電子文獻資料庫版）。

江永，《數學》，上海：商務印書館，1936 年影印守山閣叢書本。

艾儒略，《職方外紀》，收入：李之藻編，《天學初函》。臺北：臺灣學生書局，1964 年影印羅馬梵蒂岡圖書館藏本。

艾儒略、盧盤石口譯，李九標筆記，《口鐸日抄》，傅斯年圖書館藏明崇禎間八卷刊本。

利瑪竇，《坤輿萬國全圖》，東京：臨川書店，1996 年覆刻 1602 年版。

利瑪竇，《乾坤體義》，《四庫全書》787 冊。

利瑪竇、金尼閣著，何高濟、王遵仲、李申等譯，何兆武校，《利瑪竇中國札記》，北京：中華書局，1983 年。

李光地，《榕村集》，《四庫全書》1324 冊，臺北：商務印書館，1983 年。

阮元，《疇人傳》，臺北：世界書局，1982 年。

南懷仁，《不得已辨》，《天主教東傳文獻》，吳相湘編。臺北：臺灣學生書局，1964 年。

段玉裁，《戴東原先生年譜》，收入：戴震，《戴震集》，臺北：里仁書局，1980 年。

紀昀，《閱微草堂筆記》，天津：天津古籍出版社，1994 年。

孫星衍，〈釋方〉，《平津館文稿》，臺北：新文豐出版公司，1989 年叢書集成續編本據槐廬叢書排印。

徐光啟，《新法算書》，《四庫全書》，788 冊。

徐昌治編，《聖朝破邪集》，京都：中文出版社，1972 年重刊 1856 年刊本。

高一志，《空際格致》，《天主教東傳文獻三篇》，吳相湘編。臺北：臺灣學生書局，1966 年。

梅文鼎，《梅氏叢書輯要》，臺北：藝文印書館，1971 年影印同治十三年版。

清聖祖，〈三角形推算法論〉，《康熙帝御製文集》冊三，臺北：學生書局，1966 年。

清聖祖著，李迪譯注，《康熙幾暇格物編譯注》，上海：上海古籍出版社，1993 年。

章潢，《圖書編》，傅斯年圖書館藏明天啟三年岳元聲印本。

傅汎際譯義，李之藻達辭，《寰有詮》，中央圖書館藏崇禎元年刊本。

揭暄，《璇璣遺述》，1898 年刻鵠齋叢書本。

湯若望，《主制群徵》，《天主教東傳文獻續編》冊二，吳相湘編，臺北：臺灣學生書局，1966 年，2 版，513。

焦廷琥，《地圓說》(北京故宮博物院抄本)。

陽瑪諾，《天問略》，收入：《天學初函》。

黃斐默，《正教奉褒》，上海，慈母堂刊本，1894 年。

楊光先，《不得已》，收入：吳相湘主編，《天主教東傳文獻續編》冊三，臺北：臺灣學生書局，1986 年。

熊人霖，《地緯》，美國國會圖書館藏 1624 年刊本。

熊三拔，《簡平儀說》，《天學初函》。

熊三拔口授，周子愚、卓爾康筆記，《表度說》，收入：《天學初函》。

熊明遇，《格致草》，美國國會圖書館藏 1624 年刊本。

錢大昕，《潛研堂集》，上海：上海古籍出版社，1989 年。

錢大昕、錢慶曾校著，《錢大昕讀書筆記廿九種》，臺北：鼎文書局，1979 年。

戴震，《戴震全集》，北京：清華大學，1991 年。

羅士琳，〈疇人傳續編〉，《疇人傳彙編》，臺北：世界書局，1982 年。

近人論著

王立興，〈渾天說的地形觀〉，《中國天文學史文集》第四集，126–148。

王揚宗，〈西學中源說在明清之際的由來及其演變〉，《大陸雜誌》，90.6（1995 年）: 39–45。

王萍，《西方曆算學之輸入》，臺北：中央研究院近代史研究所，1972 年。

石雲里，〈寰有詮及其影響〉，《中國天文學史文集》第六集，1994 年，232–260。

安雙成，〈湯若望案始末〉，《歷史檔案》，3（1992 年）: 79–87。

江曉原，〈明清之際中國人對西方宇宙模型之研究及態度〉，《近代中國科技史論集》，楊翠華、黃一農主編，臺北、新竹：中研院近史所、清華大學，1991 年，33–53。

江曉原，〈試論清代「西學中源」說〉，《自然科學史研究》，1988–2（1988 年）: 101–108。

宋正海，〈中國古代傳統地球觀是地平大地觀〉，《自然科學史研究》，1986–1（1986 年）: 54–60。

李志超、華同旭，〈論中國古代的大地形狀概念〉，《自然辯證法通訊》，1986–2（1986 年）: 51–55。

金祖孟，《中國古宇宙論》，上海：華東師範大學出版社，1991

年。

洪煨蓮,〈考利瑪竇的世界地圖〉,《禹貢半月刊》5.3 & 4(1936 年) :1–50。

唐如川,〈對「張衡等渾天家天圓地平說」的再認識〉,《中國天文學史文集》第五集,1989 年,217–238。

祝平一,"Scientific Dispute in the Imperial Court: The 1664 Calendar Case," *Chinese Science*, 14 (1997): 7–34.

祝平一,"Technical Knowledge, Cultural Practices and Social Boundaries: Wan-nan Scholars and the Recasting of Jesuit Astronomy, 1600–1800," UCLA, Ph. D. Diss., 1994, UMI.

祝平一,"Western Astronomy and Evidential Study: Tai Chen on Astronomy," *Proceedings of the 8th International Conference of Science, Technology and Medicine in East Asia*, (forthcoming).

高平子,〈中國人的宇宙圖象〉,《高平子天文曆學論著選》,臺北:中央研究院數學研究所,1987 年(原文發表於 1952 年),3–29。

曹婉如等,〈中國現存利瑪竇世界地圖的研究〉,《文物》,1983–12(1983 年):57–70, 30。

陳受頤,〈明末清初耶穌會士的儒教觀及其反應〉,《國學季刊》,5.2(1935 年):147–210。

陳觀勝,〈利瑪竇對中國地理學之貢獻及其影響〉,《禹貢半月刊》，5.3 & 4（1936 年）: 51–71。
傅祚華，〈疇人傳研究〉，《明清數學史論文集》，梅榮照編，南京：江蘇教育出版社，1990 年，219–260。
黃一農，〈清初欽天監中各民族天文家的權力起伏〉，《新史學》，2.2（1991 年）: 75–108。
黃一農，〈湯若望與清初西曆之正統化〉，《新編中國科技史》下冊，吳嘉麗、葉鴻灑主編。臺北：銀禾文化事業公司，1990 年，465–490。
黃一農，〈楊光先家世與生平考〉，《國立編譯館館刊》，19.2（1990 年）: 15–28。
黃一農，〈擇日之爭與康熙曆獄〉，《清華學報》，新 21.2（1991 年）: 247–280。
劉鈍，〈清初民族思潮的嬗變及其對清代天文數學的影響〉《自然辯證法通訊》，1991–3（1991 年）: 42–52。
劉鈍，〈清初曆算大師梅文鼎〉，《自然辯證法通訊》，1986–1（1986 年）: 52–64。
樊洪業，《耶穌會士與中國科學》，北京：中國人民大學出版社，1992 年。
錢寶琮，〈戴震算學天文著作考〉，《錢寶琮科學史論文選集》，北京：科學出版社，1983 年，151–174。
韓琦，〈從《明史》曆志的纂修看西學在中國的傳播〉，《科史薪傳——慶祝杜石然先生從事科學史研究 40 周年學術論文集》，劉鈍、韓琦等編，瀋陽：遼寧教育出版社，1997 年，61–70。

Aristotle, *The Complete Works of Aristotle*, Princeton: Princeton University Press, 1984.

Gernet, Jacques. "Christian and Chinese Vision of the World in the Seventeenth Century," *Chinese Science* 4 (1980): 11–13.

Gernet, Jacques. *China and the Christian Impact*, Cambridge: University of Cambridge, 1985, 40–47.

Grant, Edward. *Planets, Stars, and Orbs: Medieval Cosmos, 1200–1687*, Cambridge: Cambridge University Press, 1994.

Jami, Catherine. "Learning Mathematical Science During the Early and Mid-Ch'ing," in *Society and Education in Late Imperial China, 1600–1900*, Benjamin A. Elman and Alexander Woodside, eds., Berkeley: University of California, 1994, 223–56.

Kuhn, Thomas. *The Structure of Scientific Revolutions*, 2nd ed. Chicago: The University of Chicago Press, 1970.

Needham, Joseph. *Chinese Astronomy and the Jesuit Mission: An Encounter of Cultures*, London: The China Society, 1958.

Peterson, Willard. "Western Natural Philosophy Published in Late Ming China," *Proceedings of the American Philosophical Society* 117.4 (1973): 295–322.

Porter, Jonathan. "The Scientific Community in Early Modern China," *ISIS* 73 (1982): 529–544.

Russell, Jeffrey Burton. *Inventing the Flat Earth: Columbus and Modern Historians*, New York: Praeger Publisher, 1991.

Shapin, Steven. "A Social History of Truth-Telling: Knowledge, Social Practice, and the Credibility of Gentlemen," in *A Social History of Truth*, 65–125.

Shapin, Steven. "Knowing about People and Knowing about Things: A Moral History of Scientific Credibility," in *A Social History of Truth*, 243–309.

Shapin, Steven. "The Great Civility: Trust, Truth, and Moral Order," in *A Social History of Truth: Civility and Science in Seventeenth-Century England*, Chicago and London: The University of Chicago Press, 1994, 3–41.

Sivin, Nathan "Cosmos and Computation in Early Chinese Mathematical Astronomy," *T'oung Pao* 15.1–3 (1969): 1–73.

文明叢書——

把歷史還給大眾，讓大眾進入文明！

文明並不遙遠、艱澀，
而是人類生活的軌跡；
經由不同的角度與層次，
信手拈來都是文明；
歷史不再蹲踞於學院的高塔，
走入社會，行向更寬廣的天地。

文明叢書 3

佛教與素食

康　樂／著

雖說「酒肉穿腸過，佛祖心中留」，但是當印度的素食觀傳入中國變成全面的禁斷酒肉，肉食由傳統祭祀中重要的一環，反成為不潔的象徵。從原始佛教的不殺生到中國僧侶的茹素，此一演變的種種關鍵為何？又是什麼樣的力量左右了這一切？

文明叢書 4

慈悲清淨——佛教與中古社會生活

劉淑芬／著

你知道嗎？早在西元六世紀的中國，就已經出現了有如今日「慈濟功德會」一樣的民間團體。他們本著「夫釋教者，以清淨為基，慈悲為主」的理念，施濟於貧困中的老百姓，一如當代的「慈濟人」。透過細膩的歷史索隱，本書將帶您走入中古社會的佛教世界，探訪這一道當時百姓心中的聖潔曙光。

文明叢書 5

疾病終結者
——中國早期的道教醫學

林富士／著

金爐煉丹，煉出了孫悟空的火眼金睛，也創造了中國傳統社會特有的道教醫理。從修身道士到救世良醫，從煉丹養生到治病救疾，從調和陰陽的房中術到長生不老、羽化升仙的追求，道教醫學看似神秘，卻是中國人疾病觀與身體觀的重要根源。

文明叢書 6

公主之死
——你所不知道的中國法律史

李貞德／著

丈夫不忠、家庭暴力、流產傷逝——一個女人的婚姻悲劇，牽扯出一場兩性地位的法律論戰。女性如何能夠訴諸法律保護自己？一心要為小姑討回公道的太后，面對服膺儒家「男尊女卑」觀念的臣子，她是否可以力挽狂瀾，為女性爭一口氣？

文明叢書 7

流浪的君子
——孔子的最後二十年

王健文／著

周遊列國的旅行其實是一種流浪，流浪者唯一的居所是他心中的夢想。這一場「逐夢之旅」，面對現實世界的近逼、理想和現實的極大落差，注定了真誠的夢想家必須永遠和時代對抗；顛沛流離，是流浪者命定的生命情調。

文明叢書 8

海客述奇
——中國人眼中的維多利亞科學

吳以義／著

毓阿羅奇格爾家定司、羅亞爾阿伯色爾法多里……，這些文字究竟代表的是什麼意思—是人名?是地名?還是中國古老的咒語?本書以清末讀書人的觀點，為您剖析維多利亞科學這隻洪水猛獸，對當時沉睡的中國巨龍所帶來的衝擊與震撼!